在轨平台剩余寿命的信息融合预测及应用

The Prediction and Application of Remaining Useful Life for On-orbit Platform Based on Information Fusing

贾祥 赵骞 程志君 郭波 著

国防工业出版社

·北京·

内容简介

本书主要介绍了基于信息融合的在轨平台剩余寿命预测技术及应用研究，包括在轨平台剩余寿命预测的研究现状、在轨平台可靠性信息的预处理、基于在轨性能数据的卫星平台单机剩余寿命预测、基于多源信息融合的在轨平台单机剩余寿命预测、贝叶斯的在轨平台的剩余寿命预测研究以及在轨平台剩余寿命预测软件系统开发等。

本书主要面向科研人员和工程技术人员，包括从事可靠性理论研究的学者以及在装备制造和产品研发等工业部门从事可靠性工程的行业人员，也可作为可靠性理论、应用概率统计、系统工程及管理科学与工程等领域高年级本科生和研究生的参考书。

图书在版编目（CIP）数据

在轨平台剩余寿命的信息融合预测及应用/贾祥等著．—北京：国防工业出版社，2023.3
ISBN 978-7-118-12866-6

Ⅰ．①在… Ⅱ．①贾… Ⅲ．①航天器–寿命–预测 Ⅳ．①V47

中国国家版本馆 CIP 数据核字（2023）第 049672 号

※

国防工业出版社出版发行
（北京市海淀区紫竹院南路23号　邮政编码100048）
三河市众誉天成印务有限公司印刷
新华书店经售

*

开本 710×1000　1/16　印张 9½　字数 154 千字
2023年3月第1版第1次印刷　印数 1—1500 册　定价 86.00 元

（本书如有印装错误，我社负责调换）

国防书店：（010）88540777　　书店传真：（010）88540776
发行业务：（010）88540717　　发行传真：（010）88540762

前言

在轨平台是航天装备的重要组成部分,也是支持和保证装备正常工作的所有系统构成的整体。在轨平台的独立性、通用性和模块化可以加快航天装备的研制。在轨平台的可靠性对航天装备的可靠性至关重要,研究在轨平台的剩余寿命预测问题,既可以丰富可靠性理论,又能够支撑航天装备的在轨运行管理、后续装备发射计划的制订和装备可靠性设计的改进等工程问题。

针对在轨平台这类高可靠性、长寿命系统同型号数量少,系统级失效数据少,现有技术方法难以解决高强度任务条件下在轨剩余寿命预测需求的问题,可以通过分析在轨平台可靠性信息的多源特性,以及在轨遥测数据的大数据特点,分类处理在轨平台单机、分系统和系统等不同层级、不同来源的信息,进而研究相应的剩余寿命预测方法,从而提高在轨平台单机及平台系统的剩余寿命预测精度。

本书研究了基于信息融合的在轨平台剩余寿命预测技术及应用。第1章详细论述了在轨平台剩余寿命预测的研究现状,第2章分析了在轨平台可靠性信息的预处理方法,第3章研究了基于在轨性能数据的卫星平台单机剩余寿命预测,第4章提出了基于多源信息融合的在轨平台单机剩余寿命预测技术,第5章探讨了贝叶斯的在轨平台的剩余寿命预测研究,第6章讨论了在轨平台剩余寿命预测软件系统开发。

本书的内容主要来自编者的相关科研项目研究成果,部分内容引自宋兆理、肖北和姚杭等硕士的研究工作。本书的出版得到了国家自然科学基金项目(71801219、72271238)湖南省优秀青年基金项目(2021JJ20050)、国防科技大学首届高层次创新人才卓越青年项目等的资助。鉴于作者水平有限,书中难免有不足之处,敬请读者批评指正。

目 录

第1章 绪论 ·· 1
 1.1 在轨平台的可靠性数据 ·· 1
 1.2 基于退化的单机剩余寿命预测研究现状 ·· 3
  1.2.1 退化数据的特征选取方法 ·· 5
  1.2.2 特征参数的退化建模方法 ·· 7
 1.3 基于多源信息融合的单机剩余寿命预测研究现状 ······································· 9
 1.4 在轨平台剩余寿命预测现状分析 ··· 12
  1.4.1 贝叶斯方法 ··· 13
  1.4.2 解析方法 ·· 13
  1.4.3 统计方法 ·· 14

第2章 在轨平台可靠性信息的预处理 ·· 16
 2.1 可靠性数据的分类 ··· 17
 2.2 单机的类型及其寿命分布建模 ·· 18
 2.3 可靠性数据的采集说明 ··· 19
 2.4 数据预处理的方法 ··· 20
  2.4.1 地面试验数据的折合 ··· 21
  2.4.2 产品相似程度的衡量 ··· 21
  2.4.3 在轨性能数据的预处理 ·· 22
  2.4.4 在轨寿命数据的建模 ··· 23

第3章 基于在轨性能数据的卫星平台单机剩余寿命预测 ······························ 25
 3.1 退化特征参数提取 ··· 25
  3.1.1 无监督学习 ··· 26
  3.1.2 有监督学习 ··· 28

3.2 单机健康指标构造 ……………………………………… 29
3.3 单机退化建模和剩余寿命预测 ………………………… 30
3.4 算例分析 ………………………………………………… 33
3.4.1 数据预处理 ……………………………………… 33
3.4.2 特征参数提取 …………………………………… 33
3.4.3 健康指标构造 …………………………………… 35
3.4.4 退化建模和剩余寿命预测 ……………………… 35

第4章 基于多源信息融合的在轨平台单机剩余寿命预测 …… 37

4.1 验前分布的确定 ………………………………………… 38
4.1.1 依据历史产品数据确定验前分布 ……………… 38
4.1.2 依据在轨性能数据确定验前分布 ……………… 40
4.1.3 依据相似产品数据确定验前分布 ……………… 40
4.2 依据专家信息确定验前分布 …………………………… 41
4.3 一致性检验 ……………………………………………… 45
4.4 验前分布的综合 ………………………………………… 46
4.5 验后分布的推导 ………………………………………… 47
4.5.1 历史产品数据对应的验后分布 ………………… 48
4.5.2 在轨性能数据对应的验后分布 ………………… 49
4.5.3 相似产品数据对应的验后分布 ………………… 50
4.5.4 专家信息对应的验后分布 ……………………… 51
4.6 单机剩余寿命预测 ……………………………………… 53
4.7 仿真实验 ………………………………………………… 55
4.8 算例分析 ………………………………………………… 57
4.8.1 数据情况 ………………………………………… 57
4.8.2 剩余寿命预测过程 ……………………………… 58
4.8.3 预测结果 ………………………………………… 60

第5章 基于贝叶斯的在轨平台剩余寿命预测研究 …………… 61

5.1 引言 ……………………………………………………… 61
5.2 基于先融合后折算再融合的系统剩余寿命预测方法 … 62
5.2.1 系统验前信息的折合 …………………………… 63
5.2.2 系统多源验前信息的转化 ……………………… 89

5.2.3　系统剩余寿命的贝叶斯估计 ·················· 89
　　　5.2.4　算例分析 ···································· 91
　5.3　基于先折算再融合的系统剩余寿命预测方法 ············ 96
　　　5.3.1　多源验前分布获取 ···························· 97
　　　5.3.2　融合验后分布推导及系统剩余寿命预测 ·········· 101
　　　5.3.3　算例分析 ···································· 102

第6章　在轨平台剩余寿命预测软件系统开发 ················ 107
　6.1　软件系统概述 ······································ 107
　6.2　软件系统设计决策 ·································· 108
　　　6.2.1　系统研制要求与建设任务 ······················ 108
　　　6.2.2　系统部署方案 ································ 110
　6.3　软件系统体系结构设计 ······························ 111
　　　6.3.1　软件总体体系结构 ···························· 111
　　　6.3.2　软件各子系统 ································ 113
　　　6.3.3　执行方案 ···································· 114
　　　6.3.4　接口设计 ···································· 114
　6.4　软件系统详细设计 ·································· 118
　　　6.4.1　系统管理子系统 ······························ 118
　　　6.4.2　剩余寿命预测子系统 ·························· 124

参考文献 ··· 132

附录 ·· 141

第1章

绪　　论

卫星等航天装备是典型的高可靠性、长寿命产品，总体上一般可分为有效载荷和在轨平台两部分，其中有效载荷是直接用于特定任务的仪器或设备，在轨平台是支持和保证有效载荷正常工作的所有系统构成的整体。以通信卫星为例，卫星天线就是有效载荷，而卫星平台就是在轨平台。

在轨平台自身通常具备一定的独立性、通用性和模块化特点，无论安装什么有效载荷，其基本功能是一致的，只需相应地做少量适应性修改即可。如果安装不同的有效载荷，就可形成不同功能的航天装备。很多航天装备的在轨平台是相同的，或者说是公用的。通过研究在轨平台剩余寿命预测的理论和方法，可以为航天装备的在轨运行管理、后续装备发射计划的制订和装备可靠性设计的改进提供技术支持。

从可靠性结构的角度而言，在轨平台可向下分解为控制、推进等分系统，每个分系统又由众多单机组合而成，典型单机包括动量轮、蓄电池和陀螺等。因此，在轨平台的可靠性结构十分复杂。又由于在轨平台的小批量、高可靠性和长寿命特点，造成在轨平台的样品数量少，系统级失效数据少，剩余寿命的预测十分困难。

本章主要分析在轨平台的可靠性数据和研究现状。

1.1　在轨平台的可靠性数据

在轨平台的可靠性数据是定量预测在轨平台剩余寿命的基础。从数据来源看，在轨平台的数据可分为两类：一类是来自平台系统的数据；另一类是来自单机的数据。从数据的类型看，包括地面试验数据、同类产品寿命数据、历史产品寿命数据、相似产品寿命数据、在轨性能监测数据和专家经验数据等。下面以单机的可靠性数据为例，说明不同类型的数据。

(1) 地面试验数据：地面试验包括热学试验、电学试验、力学试验等。主要考虑热学试验。这里的地面试验与可靠性试验不同，地面试验都是验证性试验，得到的结果都是通过或者不通过试验。地面试验时间比较短，大部分试验的样本量只有一个，且都是无失效数据。由于地面试验环境与在轨运行环境不同，因此地面试验数据与在轨数据是不同环境的数据，这部分数据需要进行折合后才能使用，但是目前尚无有效的折合方法。本书采用工程做法，由专家根据经验给出一个折合系数，将地面试验时间折合成天上的在轨运行时间。对于在轨运行的平台以及已经失效的平台，由于这些在轨平台都已经经历了地面试验，因此其运行的时间是地面试验时间与在轨运行时间的和；而对于一颗新的将要发射的在轨平台，地面试验数据就是其当前的寿命数据。

(2) 同类产品寿命数据：在轨平台的在轨运行时间数据，如果在轨运行监测期间平台失效，则收集到失效时间；反之，则收集到截尾时间。

(3) 历史产品寿命数据：到寿在轨平台的在轨运行时间数据。

(4) 相似产品寿命数据：结构相似或功能相似的在轨平台在轨运行时间数据。

(5) 在轨性能监测数据：在轨平台关键单机的性能监测数据，如动量轮的温度监测数据、蓄电池的电流监测数据等。

(6) 专家数据：通过专家经验给出的可靠性参数的取值，如可靠度预计值或置信下限，寿命的点估计等。

在应用中，在轨平台系统的可靠性数据包括平台系统的同类产品寿命数据、历史产品寿命数据和相似产品寿命数据，单机的可靠性数据包括同类产品寿命数据、历史产品寿命数据、相似产品寿命数据、性能数据和专家数据等，但对于某个具体的单机，则是上述可靠性数据类型的不同组合，如单机A的可靠性数据包括同类产品寿命数据、历史产品寿命数据和专家数据，单机B的可靠性数据包括同类产品寿命数据和专家数据，单机C的可靠性数据则包含了上述所有数据类型。进一步通过分析，可知在轨平台的可靠性数据具有以下的特点。

(1) 既有小样本数据，又有大样本数据。卫星平台的部分单机有大量冗余，使得这些单机的样本量较大，如动量轮等。而大部分单机的可靠性数据都是小样本，如热管等。

(2) 既有无失效数据，又有失效数据。在轨平台的大部分单机，在试验中和工作时都没有失效，属于无失效数据。只有少部分单机存在失效的情况，且失效数据极少。

(3) 既有寿命数据、又有性能数据。在轨平台单机的运行时间、工作次数等都属于寿命数据，部分单机也有性能监测数据，如蓄电池的电流、动量轮的轴温等。

1.2 基于退化的单机剩余寿命预测研究现状

传统可靠性理论只将产品分为正常和失效两种状态。但是，在工程实际中，对于在轨平台这类高可靠性、长寿命产品，并不是非正常即失效的二元状态，而是从正常到失效有一个连续的退化过程。例如，电阻器在发生开路之前存在着阻值的增加过程，因此电阻器不只是具有正常和失效两种状态，而是存在着相应的性能退化过程。

产品失效通常是由产品内在的失效机理与产品外部环境和工作条件的综合作用而产生的。根据产品失效的具体情况，可以将失效机理大致分为两大类：过应力机理和损伤积累机理。对于第一种失效机理，当应力超过产品所能承受的强度时，产品就会发生失效，如果应力低于产品的强度，该应力不会对产品造成影响；对于第二种失效机理，无论是否导致产品失效，应力都会对该产品造成一定的损伤且损伤逐渐累积，并可能导致产品性能逐渐退化，或内部材料、结构等抗应力的某种强度逐渐降低，而当产品的性能或某些抗应力强度退化到某种程度时，产品随即失效。对于在轨平台的众多单机，其失效机理多为损伤积累机理，如机械太阳翼、动量轮、陀螺等，在损伤累积失效机理的作用下，这些产品的失效主要包括突发型失效和退化型失效两种失效模式。

如果产品在工作或贮存过程中，一直保持所需要的功能，但是在某一瞬间，这种功能突然完全丧失，则称这种失效为突发型失效，如元器件击穿、电路短路、材料断裂等，都属于此类失效。突发型失效的产品只有两种状态，即产品具有某种功能或产品不具有某种功能。若将产品正常状态记为1，失效状态记为0，则产品功能随时间的推移所产生的变化可用图1-1（a）来描述。图1-1所示为硬故障、软故障两类失效的比较。图1-1（a）中从0到T这段时间产品功能处于状态1，而T时刻突发性地转移到状态0，即产品在T时刻突发性失效。显然，T为突发型失效产品的寿命。

如果产品在工作或贮存过程中，性能随着时间的延长而逐渐劣化，直至达到无法正常工作的状态，则称此种失效为退化型失效。性能退化是一种自然而又大量存在的现象，如测控天线增益的衰退、机械太阳翼机械零件磨损、

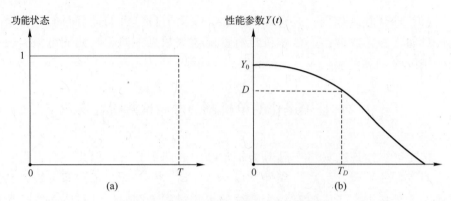

图 1-1 硬故障、软故障两类失效的比较
（a）突发型失效（硬失效）示例；（b）退化型失效（软故障）示例。

陀螺精度降低、绝缘材料和隔热体的老化，金属材料的蠕变、裂纹萌生与生长、腐蚀、氧化等。与突发型失效产品不同，退化型失效产品的功能无法用二元状态的属性变量描述，而是用产品的某个性能指标表示，这个性能指标值的大小反映了产品功能的优劣，并且该性能指标值随产品工作或贮存时间的延长而缓慢地发生变化，如图 1-1（b）所示。例如，大部分电子产品在其输出电压、输出电流等电性能参数退化到一个不能接受的水平时，可以定义为失效，此时产品尚未完全丧失其功能，在这种情况下，产品表现出来的就是退化型失效。从图 1-1（b）可以看出，在 $[0, T_D]$ 时间段内，产品的性能参数 Y 高于退化失效阈值 D，即产品处于正常工作状态之中；在 $[T_D, +\infty)$ 时间段内，产品的性能参数 Y 退化到低于失效阈值 D，可以认为产品此时已失效。显然，T_D 是相对于失效阈值 D 的寿命。

在大多数的实际问题中，表示在轨平台这类高可靠性、长寿命产品功能的性能指标值，其稳定的变化趋势总是上升或下降，这种现象也反映了退化过程的不可逆转性[1]。高可靠性、长寿命产品的上述性能指标值无论是下降还是上升，它所反映的总是产品功能的衰退。因此，将反映产品功能衰退的性能指标值称为退化量。相对于失效数据，产品的退化数据包含更多的可靠性信息，而且通过产品的退化信息进行剩余寿命预测分析更节省试验时间和试验费用。对于具有退化型失效模式的高可靠性、长寿命产品而言，如果在寿命试验中只能得到极少的失效数据，甚至没有，那么仍然可以连续测量某些表征产品功能的退化参数，再利用获得的退化数据，实现产品的剩余寿命的建模与预测。因此，退化数据对于可靠性评估来说是一个丰富的信息源，产品退化以及利用退化的观点研究产品可靠性是一个值得深入研究的课题，可以为高可靠性、长寿命产品的剩余寿命预测开辟一条新的途径。本节从性能退化角度，分析基于在轨性能监测数据的卫星平台单机剩余寿命预测的研究现状。

剩余寿命预测是一门面向实际数据的应用方向，依据现有可靠性理论对产品进行寿命预测，必须通过各种失效数据来提供有关的寿命信息。然而随着科学技术的进步与发展，产品的可靠性得到极大的提高，经常会出现无失效的情况。对于建立在失效数据分析基础上的现有可靠性理论来说，在极少失效甚至是无失效的情况下，如何对产品进行剩余寿命预测是一个难题。产品性能退化数据是剩余寿命预测分析中的重要数据。Nair[2]曾指出退化数据对于可靠性评估来说是一个丰富的信息源，基于产品性能退化信息进行可靠性分析的方法在20世纪80年代末期逐渐引起了学者的注意，并得到了广泛发展。

基于性能退化的产品剩余寿命预测理论是以产品的性能退化过程为基础的。与基于寿命数据的剩余寿命预测理论相比，利用性能退化数据进行剩余寿命预测的优点之一是能够根据产品运行过程中的性能退化情况对产品个体进行剩余寿命预测。在产品的退化状态评估与剩余寿命预测领域，物理模型方法和数据驱动方法是当前主流的两类方法[3]。物理模型方法旨在根据相关机理建立研究对象的数学和分析模型，进而预测所监测对象未来的性能退化趋势，比如随机滤波[4]和粒子滤波模型[5-6]已经被用于模拟疲劳裂纹增长的退化趋势。这类方法的评估和预测结果一般比较直观、准确，但是需要提前获知系统的物理退化信息和故障机理。数据驱动方法是利用设备的历史状态数据，从中提取与监测对象状态变化有关的特征信息，通过统计分析、模式识别以及机器学习等技术，尝试模拟出数据和产品退化状态之间的函数关系，进而实现对监测对象的退化状态评估和剩余寿命预测。数据驱动方法又可分为概率统计方法和人工智能方法两种，其中概率统计方法包括回归模型、维纳过程、伽马过程[7]和贝叶斯推理[8-9]等方法，人工智能方法包括模糊决策树[10]、人工神经网络[11-12]和支持向量机[13-14]等方法[15-17]。以上不同类型方法的选择主要取决于对被观测对象退化机理的认识程度和可利用数据的多少。

1.2.1 退化数据的特征选取方法

1. 传统的特征参数选择方法

基于性能退化的产品剩余寿命预测研究主要从两个方面开展。
1）基于退化数据的剩余寿命预测
基于退化数据的剩余寿命预测是以退化数据为支撑的，它要求目标产品存在性能退化指标,且能够获得性能退化数据。王泽文[18]基于监测的振动信号对滚动轴承健康状态进行了研究。张龙龙[19]通过多种监测特征实现了轴承的剩余寿命预测。

2) 基于间接性能数据的剩余寿命预测

基于间接性能数据的剩余寿命预测主要是针对难以获得退化数据,但可以获得一些间接性能数据的情形。李礼夫等[20]基于形态数据的分析实现了动力电池循环寿命预测。董方园等[21]通过分析多种间接性能对高性能混凝土进行了剩余寿命的研究。

目前,这些方面的研究主要是针对一维退化的情况展开的,对多维的研究还很缺乏。所以根据已有的单机性能退化数据,需要借助专家经验或机器学习算法从各个单机的监测参数中选择单机最重要的特征参数。

2. 基于机器学习的特征选择方法

随着科学技术的进步,高可靠性、长寿命产品迅速发展,无失效数据越发频繁地出现,监测的性能退化数据越来越多,随之迅速发展的机器学习在数据处理、特征选择和数学建模等领域得到了广泛的应用。根据具体的数据情况,基于机器学习的特征选择方法可以分为有监督的特征选择方法和无监督的特征选择方法两类。考虑到单机的性能随时间退化的过程本质上是一个连续变化的随机过程,则所选择的特征应该满足特征参数随着性能退化而逐渐变化,即退化特征与时间保持一定的相关性。理想的特征应该在时间轴上呈现出整体递增或者递减的一致趋势,以及对异常值保持一定的鲁棒性。

1) 基于有监督学习的特征选择方法

基于数据驱动的退化建模和剩余寿命预测方法,其最重要的前提就是从退化数据中提取能够表征产品在全寿命过程中性能状态发展趋势的标签信号。有监督特征选择主要通过分析已有的特征数据与标签信号在同一个域内的相关性所开展的。目前,已经有大量的特征选择方法,如核密度估计和K-L散度[22]、皮尔逊相关系数[23]、边界宽度[24]、信息增益[25]等,但它们大多应用于故障诊断领域。以上特征选择方法的核心思想是根据样本数据在不同的特征描述下表现出的不一样统计信息,按照不同故障类别的可分性比较明显的原则,选择出敏感特征。以上方法是建立在故障类别已知的前提下,属于有监督或者半监督的特征选择方法,其并不能用来描述特征在退化过程中本身的优良性。与故障诊断的特征选择方法中静态点的聚类原理不同,在退化建模和寿命预测应用中必须考虑特征选择连续实现的必要性,然而现有的面向退化状态评估和寿命预测的特征评估指标很少是在退化特征指标本身的基础上直接定义的[26-27]，所以需要找到或者构建一个特征指标作为研究对象性能退化的标签。

2）基于无监督学习的特征选择方法

无监督特征选择的目的是根据一定的评判标准，选择一个足够简练又能够充分描绘原始特征集的重要特性，同时保障数据集原生分类性的特征子集。针对无监督特征选择，已经提出了一些方法，根据是否与后续的学习方法相关，可分为过滤式和封装式两种[28]。

（1）过滤式。

过滤式模型独立于学习算法，利用所有训练数据的统计性能，选取相关性评价准则进行特征评估。蔡哲元等[29]引入核空间距离测度，通过计算两类样本点在核空间的距离度量相关性，有效提高了线性不可分数据的特征选择能力。徐峻岭等[30]采用互信息来度量相关性，以此达到无监督最小冗余最大相关的特征选择标准。欧璐等[31]使用拉普拉斯分值评价特征的重要程度，以极大程度保留原始特征集的整体几何结构信息为原则选择分值较小的部分特征形成特征子集。Tabakhi等[32]建立以特征为节点、特征间余弦相似度为边的权值建立图模型，使用蚁群算法，引入信息素的概念启发式算法搜索相似度最小的路径，所历节点形成最终特征子集。

（2）封装式。

在封装式模型中，特征选择算法与学习算法耦合在一起，利用学习算法的分类准确率评估特征子集，在无监督问题中则是根据特定聚类算法的聚类结果质量评估特征子集。例如，Yuan等[33]对数据域进行特征聚类，然后通过构建熵侧度来揭示不同特征子集的最优值，以此评估该特征子集的重要性；Zhu等[34]提出了一种子空间聚类指导特征选择的方法，该方法维持并迭代更新一个特征选择矩阵，矩阵的列向量反馈每个子空间聚类的代表性特征。

1.2.2 特征参数的退化建模方法

下面对国内外关于基于性能退化数据建模分析的研究思路进行总结[35]。

记 $X(t)$ 表示产品特征参数在 t 时刻的退化量，$X(t)$ 可能是关于时间的单调函数或非单调函数。根据退化失效的定义，当 $X(t)$ 达到失效阈值 D 时，认为产品失效，对应的时间为产品的失效时间。对于有递增趋势的退化过程，产品失效时间可定义为

$$T=\inf\{t:X(t)\geq D\} \tag{1.1}$$

相应的失效分布为

$$P(T\leq t)=P(\sup_{0\leq s\leq t}X(s)\geq D) \tag{1.2}$$

对于有递减趋势的退化过程，可以令 $Y(t)=X(0)-X(t)$，将其转换为有递增趋势的退化过程。如不做特别说明，下面都假定产品性能退化随时间呈现递增的趋势。根据上式可以看出，失效分布取决于如何对 $X(t)$ 进行建模。失效分布与性能退化的关系如图 1-2 所示。

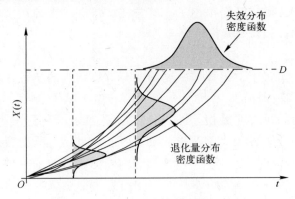

图 1-2　失效分布与性能退化的关系

在现有的研究中，常用的退化模型包括伪寿命分布模型、退化量分布模型、累积损伤模型、随机过程模型和机器学习模型，其中常用的随机过程模型包括伽马过程[36]、维纳过程[37]、逆高斯过程模型以及马氏过程[38]等。特征参数的退化模型分类如图 1-3 所示。

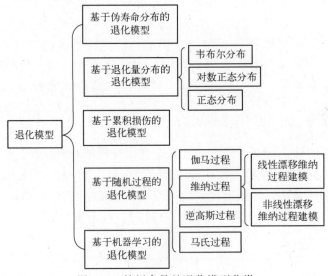

图 1-3　特征参数的退化模型分类

1.3 基于多源信息融合的单机剩余寿命预测研究现状

通过充分利用针对单机收集到的不同类型可靠性数据,可以提高单机剩余寿命预测的精度。本节介绍基于多源信息融合的单机剩余寿命预测研究现状。

基于数据融合的可靠性评估方法包括贝叶斯理论[39]、模糊理论[40]和证据理论[41]等,其中贝叶斯理论凭借良好的数据融合能力,应用最为广泛。Wang 等[42]提出了一种基于贝叶斯层次联合模型的道路网络安全性评估方法,从而帮助道路者考虑交通安全因素。Soknath 等[43]通过考虑有噪声数据以及交通状况,建立了一种改进的贝叶斯数据融合模型,对出行时间进行估计。Zhu 等[44]通过融合从结构健康状态检测得到的数据对海浪造成的负载进行更新,从而提出了一种轮船结构可靠性评估方法,降低了评估中的不确定性。

在利用贝叶斯方法融合多源信息进行剩余寿命预测时,由于验前信息来源于不同的途径,利用这些信息进行剩余寿命预测的前提是这些信息与现场试验信息是一致的,验前信息能够反映未知参数的统计特征,即验前信息与现场试验信息应该近似服从同一总体,否则会给数据融合带来风险。因此,在融合前需要先对验前信息和现场信息进行一致性检验。一致性检验包括动态一致性检验和静态一致性检验,其中,动态一致性检验多采用谱分析方法,如最大熵谱方法;静态一致性检验分为非参数方法和参数方法[45],其中参数方法包括置信区间和参数检验方法等[46];非参数方法包括 Smirnov 检验、Wilcoxon 秩和检验[47]、Mood 检验等。不同的一致性检验方法都只适用于各自对应的数据条件和问题,在其他条件下应用则效果较差,例如,对于两样本的相容性检验问题,当样本量较大时可以采用 Smirnov 检验,当样本量较少时可以考虑秩和检验。对于不同的问题和不同的应用目的,验前信息相容性检验的方法会有所不同,这始终是贝叶斯小子样理论和仿真技术发展中的热点问题。

对于特定的寿命分布类型,与经典统计方法相对应,路晓辉[48]、张士峰[49]、韩明[50]、Ren 等[51]、周源泉等[52-53]、Soliman 等[54]利用工程中常见的验前信息类型,分别对二项分布、指数分布、韦布尔分布和对数正态分布等模型进行了分析并给出了相应分布参数的估计。运用贝叶斯方法融合多源数据,最关键的是根据验前信息建立验前分布[55]。

同类产品历史数据对当前产品的剩余寿命预测具有非常重要的意义,是一种重要的可靠性信息，有利于提高剩余寿命预测结果的准确性。Maurizio 等[56]充分利用历史产品的失效数据、设计者的专业知识等信息，得到了更为准确的新产品可靠性评估结果。蔡忠义等[57]针对性能退化过程服从维纳过程的产品，提出了融合产品现场实测性能退化数据、同类产品常规退化试验信息以及寿命信息的个体剩余寿命预测方法。Liu 等[58]基于逆高斯过程以及伽马过程，对单调性能退化数据进行可靠性分析，提出了一种贝叶斯模型，对于先验分布中超参数的确定，则利用了历史退化数据。Jiang 等[59]研究了验前信息与现场数据的一致性问题，并根据拟合结果确定了每个验前分布的融合权重。至于验前分布的确定，文中给出了利用历史寿命数据以及相似产品寿命数据进行验前分布确定的方法。Ma 等[60]利用历史性能退化数据得到退化模型，再进行参数估计并作为验前信息，通过融合现场性能退化数据，进行参数的实时更新。

相似产品的信息是多源信息融合中一类重要的数据。考虑一般情况下产品的研制和生产是一个不断完善的过程，新产品一方面继承了老产品的部分特性，另一方面有所改进，因而相似产品信息能够为产品的剩余寿命预测提供重要的信息。目前，对相似产品信息的利用主要包括两种方法，第一种是定义相似因子衡量相似产品之间的相似程度，直接将相似产品的数据乘相似因子折合为同类产品的数据，以扩充同类数据的样本量。第二种是将新老产品之间的关联程度用继承因子 ρ 衡量，构建混合验前分布 $\pi(\theta) = \rho f(\theta) + (1-\rho)$。关于继承因子的确定，Kleyner[61]将继承因子看作一个固定值，直接由专家经验给出。张士峰[49]及王静等[62]将继承因子看作随机变量，并假设其服从均匀分布，再由专家信息给出均匀分布的参数。杨军等[63]从系统科学的角度，通过结构相似、功能相似和物理特征相似等要素综合衡量产品的相似程度，再利用各要素的相似程度加上权重得到产品的继承因子。张立波等[64]利用产品属性的方差反映属性特征的不一致性，从而确定各属性的权重，最终得到继承因子。王玮等[65]考虑继承程度可以度量历史样本和现场样本的相似程度，因此利用两总体的拟合优度检验确定继承因子。严惠云[66]用 Kullback 信息量求解继承因子。

当前随着制造工艺的提高，产品多呈现出高可靠性、长寿命与小子样的特点[67]，再加上经费的限制，往往收集到的寿命数据样本量小，并且多为无失效寿命数据，成为产品剩余寿命预测的重要障碍。融合性能退化数据的分析为解决该问题提供了新的思路[68]。Suk 等[55]通过融合有机发光二极管实验中收集到的验前信息，建立了非线性退化路径的贝叶斯层次模型，进行可靠性预计。Zhang 等[69]综合退化数据以及寿命数据等多源信息，实现了对卫星平台可充电锂电池的可靠性分析与剩余寿命预测。He 等[70]基于逆高斯随机过程，提出了一种主观贝叶斯方法分析加速退化模型，并且考虑了两种无信息验前分布，在算例中进行了比较分析。Li 等[71]通过利用统计模型与经验模型，提出了一种退化模型选择的系统性方法。Cheng 等[72]通过运用经验贝叶斯方法，对退化模型进行实时更新，确定当前剩余寿命分布，进行剩余寿命预测。Wang 等[73]融合加速退化试验数据与现场寿命数据，对产品的可靠性进行估计，得到更为准确的评估结果。杜党波等[74]同时考虑线性和非线性退化，提出了基于维纳过程的混合退化模型，并且基于首达时的概念，给出了剩余寿命的解析式。Liu 等[75]基于维纳过程融合寿命数据与性能退化数据，对单机剩余寿命进行预测，并且对退化模型参数实现了实时更新。

专家经验等主观信息是多源信息融合中常见的一类验前信息，对于融合专家经验开展可靠性分析的关键是在如何尽量不引入新的主观不确定因素的条件下，将主观验前信息尽量完整地转化为未知参数的验前分布。马溧梅等[76]对专家信息的描述进行了综述，并将专家信息的应用划分为描述、收集、转化和融合[77]，给出了其规范化的流程。刘琦等[78]建立了基于专家信息规范化的广义验前信息描述、基于不确定性加权的验前信息描述以及基于最大熵法的验前信息描述方式，进而确定验前分布。Coolen[79]针对工程中存在的大量专家经验知识的情况，分别提出了主观经验知识的收集、整理和合理利用的方案。Guida 等[80]讨论了综合工程经验与历史数据进行贝叶斯统计推断的问题。马智博等[81]研究了将不完全主观信息转化为成败型及正态型试验信息的方法。Compare 等[82]在贝叶斯统计框架下，基于专家知识与小子样现场数据，提出了一种半马尔可夫退化模型，可以实时预测产品的可靠度与剩余寿命。Walter 等[83]基于韦布尔分布，利用专家知识确定尺度参数的验前分布，并对尺度参数进行实时更新。Zhang 等[84]在专家数据是文本形式的情况下，提出了四步结构的解决框架，从而融合专家数据对产品可靠性进行评估。Schuh 等[85]将专家知识融入寿命估计方法中，进行产品的剩余寿命预测。

验前信息有多个来源时，由上述的方法能够得到多个验前分布。现有的融合多个验前分布得到一个综合验前分布的方法包括基于可信度的多源信息融合方法[86-87]、基于相关函数的多源信息融合方法[88]、基于充分性测度的多源信息融合方法[89]、基于最大熵和矩估计的多源信息融合方法[90]、基于模糊逻辑算子的多源信息融合方法[91]、基于极大似然方法加权的融合方法[92]、基于第二类极大似然（ML-II）的多源验前信息融合方法[93]、基于专家判断的验前分布融合方法[94]等。这些方法各具优缺点和适用范围。可信度方法相对比较合理,但可信度的计算较为困难。相关函数和充分性测度方法也可以给出相对比较合理的权重,但是在物理意义上缺乏自然的注解。最为重要的是,可信度方法、相关函数和充分性测度方法都只给出了局部最优权重,对于集成后的验前分布是否最优却无法确定。最大熵方法是一种全局最优方法,然而随着验前信息的增多,推导出的验前分布的形式愈加复杂,这给验后分布的求解及贝叶斯推断带来了一定的计算困难,需要保证验前信息可信并且充分,所得的验前分布才能逼近实际的验前分布。而专家设定权重的方法虽然简便容易操作,但具有难以克服的主观随意性。

1.4 在轨平台剩余寿命预测现状分析

国外对在轨平台的可靠性和剩余寿命研究工作起步很早,20世纪60年代就开始相关研究,主要包括研制过程的可靠性增长评估及特性分析、基于多源数据的可靠性参数评估、备用部件的备份优化等方面。对于在轨平台这类复杂系统,由于其实际使用试验要耗费巨资,且周期很长,所以全系统的试验次数一般很少。为了在很少的整机试验情况下使复杂系统能达到高可靠性的要求,国外学者总结出了金字塔式的研究方法,即将系统结构分解为多个层级,通过对层级结构的建模,充分利用各种数据开展可靠性分析。

与国外相比,我国卫星数量相对较少,允许开展系统研究的条件相对有限。近年来,随着国家科技水平和国防实力的大幅提高,包括载人飞船、火箭、卫星在内的多种航天装备得以成功发射,并已经在深空探测、军事、通信、气象、地质勘探及生态研究等领域为国家的民生、经济和国防发挥了不可替代的作用。与传统工业机械装备相比,航天装备运行机理更加复杂、运行环境更加恶劣,设备性能在退化过程中更容易导致恶性乃至灾难性事故的发生。为保障航天装备安全可靠运行、确保航天任务顺利实施,如何对航天装备进行准确的剩余寿命预测,是当前航天领域中迫切需要解决的问题。

现有研究中在轨平台的剩余寿命预测方法大致可以分为三类:贝叶斯方法、解析方法和统计方法。这些方法大多是基于金字塔模型开展剩余寿命预测工作的。当存在系统的层级较多、系统的结构较复杂时,应用经典方法进行分析时计算就会非常复杂,且其评估误差会随着层级逐渐累积。然而当存在多层试验数据，或现场试验数据较少而同时又有较多的验前信息时，相对于经典方法，贝叶斯方法体现出更大的优越性。下面进行具体介绍。

1.4.1 贝叶斯方法

对于具备高可靠性和小子样的复杂装备，贝叶斯理论能充分运用各类数据开展可靠性分析，因而被广泛运用。Walter 等[95]提出了一种贝叶斯非参数方法，结合部件和系统的验前信息，以获取系统级可靠度的验后分布。基于贝叶斯理论，Valikhani 等[96]和 Liu 等[97]分别通过最小变量无偏估计或者数据驱动预测得到更高精度的系统状态评估。此外，Wang 等[98]基于贝叶斯网络考虑了突发失效和退化失效之间的关联，进行了复杂逻辑结构下的系统建模和寿命预测。

在几种典型的系统结构中，串联、并联系统相对简单，所以相关的基于贝叶斯理论的研究成果较多[99-101]。然而，对于表决系统和冷备系统，由于其复杂性，因此成熟可用的方法相对较少[102-104]，且集中在可靠性评估方面。

1.4.2 解析方法

解析方法局限于某种特定数据条件或者进行某种模型假设。如在系统可进行故障树建模的情况下，文献[105-106]采用最小路集以及最小割集方法分析，并使用仿真方法对系统的平均剩余寿命及可靠性进行了估计，进一步地，文献[107-109]在恒定压力试验条件下以及无失效数据条件下，考虑了复杂系统的可靠度以及平均寿命的估计问题。对于单机不可修的情况，文献[110-111]推导了模糊随机不可修系统的可靠度和平均寿命。此外，李学京等[112]和杨军等[113]利用单机级的试验信息，将各种试验信息尽量转换为可以进行统计分析的数据类型，从而给出单机的可靠度函数，再结合系统的可靠性结构，利用相关统计方法得到系统的平均剩余寿命。

此外，国外不少学者讨论了串联、并联、表决、冷备典型系统的平均剩余寿命解析式。针对串联和并联系统，Bairamov 等[114]给出了平均剩余寿命函数的解析式，并通过对函数结构的数学特性进行分析，给出了一些具有指导意义的结论。在单机服从失效率不同的指数分布情况下，Song 等[115]推导了串联系统与并联系统剩余寿命的解析式。Asadi 等[116]等基于各单机的寿命时间，对并联系统平均剩余寿命函数的数学性质进行研究，进一步地，Mohammad 等[117]探讨了部件服从不同分布时并联系统平均剩余寿命函数的解析式与数学性质。针对表决系统，Navarro[118]等对其剩余寿命的预测问题进行了研究，

Asadi 等[119]讨论了其平均剩余寿命函数的相关性质,Sarhan 等[120]和 Li 等[121]在此基础上研究了单机不完全独立时表决系统剩余寿命的相关性质。针对含有一个冷备部件的表决系统,Eryilmaz[122]引入了卷积公式给出了平均剩余寿命的求解方法。对于冷备系统,Amari 等[123]提出了基于计数过程的 n 中取 k 冷备系统可靠性分析方法,Zhang 等[124]基于 Farlie-Gumbel-Morgenstern (FGM) Copula 函数,给出了冷备系统的可靠度和平均寿命。赵骞等[125]在单机寿命服从指数分布的前提下推导了串联、并联、表决以及冷备四种典型系统的寿命与剩余寿命解析式,而对于单机寿命分布更为复杂的情况,宋兆理等[126]利用数值算法阐述了四种典型系统剩余寿命预测解析式的近似计算方法。总体上,这类研究方法局限于单机寿命服从指数分布的情况,当产品服从分布变得复杂时,上述方法的应用面临困难。

不难发现对于上述方法,还需研究如何将解析式拓展推广到数据融合的剩余寿命预测问题中,因为上述解析式都假定单机和系统寿命分布的相关参数是已知的或可以估计得到的确定值,而在基于贝叶斯的数据融合问题中,相关参数变成了未知的随机变量。另外,在实际工程应用中,随着待分析系统规模的增大以及系统结构的复杂化,计算耗时会逐步增大,使这些方法的应用面临诸多局限性。

1.4.3 统计方法

在复杂系统剩余寿命预测的研究中,由于系统结构的复杂性、数据信息的多样性、数据信息的不充分性等特点,有学者基于统计方法开展了相关研究。统计方法是一些基于统计学知识的分析方法,包括参数统计、回归分析、蒙特卡罗仿真等。参数统计方法是指利用数据拟合系统的寿命分布,并估计其中的分布参数,如 Castet 等[127-128]运用极大似然估计方法,对卫星的寿命分布进行了拟合,研究证明卫星分系统及系统的寿命都服从韦布尔分布。回归分析方法主要是指利用统计理论中的回归分析开展系统的剩余寿命预测,如 Fang 等[129]采用对数位置-尺寸回归方法运用多个传感器的信息特征,建立预测模型。仿真方法是指利用蒙特卡罗仿真思想,通过大样本抽样仿真的方式模拟系统的剩余寿命,继而开展预测,是解决复杂系统剩余寿命预测的有效手段,对于不确定性分析具有良好的鲁棒性[130-131]。例如,陈浩[132]通过仿真抽样方法,研究了串联、并联、表决和冷备四种典型结构下系统寿命样本的产生方法。在此基础上,刘士齐[133]着重研究了三种不同失效信息条件下,冷备系统剩余寿命样本的仿真抽样方法。宋兆理等[134]比较了串联、并联、表决以及冷备系统四种典型结构下系统剩余寿命预测的数值方法与仿真方法,研究表明仿真方法更为高效准确。因而，近年来仿真方法在复杂系统的剩余寿命预测研究中应用越来越广泛。但仿真方法应用的关键在于仿真模型的准确性，特别是需要验证仿真结果是否符合实际。

对于在轨平台的剩余寿命预测问题，由于系统级的失效数据很少，因此仿真方法不失为一种选择。但是，如何建立在轨平台系统的可靠性仿真模型，如何保证仿真数据的可信度等还有待进一步研究。另外，随着系统结构的复杂，仿真方法的抽样样本数量会急剧增加，如何降低仿真计算的复杂度，也需重点分析。

第 2 章
在轨平台可靠性信息的预处理

可靠性数据是指在各项可靠性工作及活动中所产生的描述产品可靠性水平及状况的各种数据，包括数字、图表、符号、文字和曲线等形式。可靠性数据及其分析伴随着产品寿命周期的各个阶段可靠性工作而进行[135]。为了进行方案的对比和选择，在工程研制阶段需要分析同类产品的可靠性数据，该阶段研究和试验产生的可靠性数据分析结果，可为产品的改进和定型提供科学的依据；为了分析产品的设计和制造水平，在生产阶段需要进行可靠性数据的分析和评估；为了给产品的设计和制造提供较权威的评价，需在使用阶段进行可靠性数据的分析。由于其反映的使用条件及环境条件较真实，参与评估的产品数量较多，因此其评估结果可以反映出产品趋向成熟期或达到成熟期的可靠性水平，是该产品可靠性工作的最终检验，也为今后新产品的可靠性设计和改进原产品设计提供了有益的参考。由此看来，可靠性数据的分析在可靠性工作中是一项基础性工作，始终发挥着重要作用。随着可靠性工程的深入发展，可靠性数据及其分析工作的价值和作用越发凸显，有效的信息和数据是开展可靠性、维修性、保障性分析的基础，如果没有信息，可靠性工程就将无法进行。

对杂乱无章、包罗万象的数据及资料进行收集、筛选、汇总和分析，就形成了有意义的数据、文件或记录，这就是数据的分析过程。可靠性数据分析就是从数据的产生、收集到分析可靠性参数的综合过程。可靠性数据分析有两种模型：一种是物性论模型；另一种是概率论模型。物性论模型是从失效机理上分析故障在产品的哪个部位，并以哪种形式发生，是一种微观的分析方法，也是一种寻根求源的做法；概率论模型则用数理统计的方法研究故障与时间的关系，找出故障时间的概率分布，是一种宏观的分析方法。

可靠性数据分析的目的和任务与可靠性工作的需要息息相关。在产品寿命周期的不同时期，对应有不同的分析任务。在研制阶段，应根据试验结果对参数进行评估，分析产品的故障原因，找出薄弱环节，提出改进措施，为产品可靠性的增长提供可能。从研制结束到生产前这个阶段,可根据可靠性鉴定试验的结果,评估其可靠性水平是否达到设计的要求,从而为生产决策提供管理信息。生产阶段,可根据验收试验的数据评估可靠性,检验其各项水平是否达到产品所要求的可靠性。在产品使用的早期阶段,对使用现场可靠性数据的收集应给予足够的重视,及时对其进行分析与评估,找出产品的早期故障及其主要原因,进行改进或提高质量管理,加强可靠性筛选,大大降低产品的早期故障率,改善产品的可靠性。在使用阶段,可靠性分析和评估需要定期进行,对可靠性偏低的产品进行改进,使之达到设计所要求的指标。

下面介绍在轨平台的可靠性数据。

2.1 可靠性数据的分类

如图 2-1 所示,可以将在轨平台的可靠性数据分为地面研制试验数据、在轨数据、历史产品数据、相似产品数据以及专家信息。

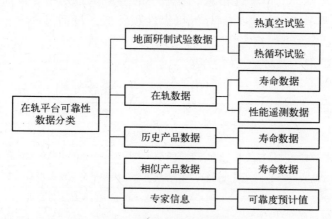

图 2-1 在轨平台可靠性数据的分类

地面研制试验数据主要是航天装备在发射升空之前开展的单机级、系统级热真空试验和热循环试验数据等。这类数据都是时间数据,可以看作在轨平台生命周期里的一部分。但是,由于地面试验中热试验的温度循环太过复杂,现有的数据折合理论很难将数据直接折合成在轨平台的在轨运行时间。本书利用工程经验,将这类数据进行工程化处理,将试验时间折算成在轨平台的在轨运行时间,用于分析剩余寿命预测。

在轨数据是在轨平台和能够采集到的其他平台在轨运行期间所收集到的数据，其类型包含在轨平台及其各类单机在轨运行中的寿命数据和性能遥测数据。这类数据对于在轨平台单机及平台自身的剩余寿命预测有着至关重要的作用。

历史产品数据是能够采集到的其他已经到寿在轨平台单机和平台系统的寿命数据。考虑到在轨平台的小批量特点所造成的小子样问题，历史寿命数据可以补充在轨平台的可靠性信息。

相似产品数据是指其他相似在轨平台单机和平台系统的寿命数据，其中相似在轨平台与待研究的在轨平台在功能或结构方面存在一定的继承性。在航天工程中，航天装备的设计和制造通常具有很强的继承性，很多新的装备就是在其相似型号的基础上，为满足新的设计要求进行改造或升级的。但需要强调的是，在统计理论范畴内，相似产品数据与待预测的在轨平台数据是来自不同总体的。如果使用相似产品数据对在研究对象进行剩余寿命预测时，必须首先衡量不同在轨平台之间的相似程度。

专家信息也是一类重要的可靠性信息，是指利用专家经验得到的关于在轨平台单机和系统的可靠性信息。本书中的专家信息是指专家通过工程经验给出的平台及单机在任务时刻处的可靠性预计值，包括可靠度、寿命或剩余寿命等指标。

各个数据的含义如表2-1所列。

表2-1　卫星平台各个数据的含义

数 据 分 类	数据的范围
地面研制试验数据	包括单机级和系统级热真空试验和热循环试验数据
在轨数据	在轨平台的在轨运行数据，包括寿命数据和性能遥测数据
历史产品数据	已经到寿的在轨平台单机和平台系统的寿命数据
相似产品数据	其他相似在轨平台单机和平台系统的寿命数据
专家信息	利用专家经验得到的关于在轨平台单机和系统的可靠性信息

2.2　单机的类型及其寿命分布建模

由于不同数据信息类型和表示方法的不同，需要对这些不同类型的信息进行初步处理。参考工程经验，将在轨平台的单机分为电子产品、结构产品、机构产品和其他产品等类型。对单机进行剩余寿命预测时，需要首先确定单机寿命所服从的分布。由于在轨平台的特殊性，所收集到的寿命数据不仅样本量小，而且失效数据极少，甚至没有失效数据，很难利用分布拟合优度检验等传统方法确定单机寿命所服从的分布。因此本书主要结合工程经验，考虑根据单机的类型确定其寿命所服从的分布，如电子类的产品寿命服从指数分布；结构类和机构类产品属于耗损型产品，其寿命服从韦布尔分布。

2.3 可靠性数据的采集说明

基于剩余寿命预测方法研究的需要，对图 2-1 所示的不同可靠性数据类型提出采集要求，为此设计了数据需求表、试验数据采集表、在轨寿命数据采集表、在轨性能参数数据采集表、历史产品寿命数据采集表、相似产品寿命数据采集表和专家信息数据采集表，以便工程实践的应用。数据采集表的类型如表 2-2 所列，各个具体的数据采集表见附录。

表 2-2　卫星平台可靠性数据采集表的类型

名 称	采集数据内容
数据需求表	总表
试验数据采集表	热试验数据和常温常压数据等地面试验数据
在轨寿命数据采集表	在轨正常运行的在轨平台寿命数据
在轨性能参数数据采集表	在轨正常运行的在轨平台性能数据
历史产品寿命数据采集表	已经到寿的在轨平台寿命数据
相似产品寿命数据采集表	相似在轨平台的寿命数据
专家信息数据采集表	在轨平台可靠性的专家判断数据

如附表 7-1 所示，数据需求表是总表，包含了需要的单机及在轨平台系统可靠性数据需求。寿命数据一栏主要包括试验数据、在轨寿命数据、相似产品寿命数据和历史寿命数据，根据这类数据可以采集分析出各在轨单机和平台的寿命数据以及样本量。对不同类型数据的采集，数据需求表只是提出了总的数据采集需求，在具体实施时，需要参考后面的采集表，并结合工程实际开展。

如附表 7-2 所示，对于试验数据采集表，试验数据只需采集热试验数据和常温常压数据，数据采集时需要给出试验对象的名称、所属航天装备的型号以及产品编号。试验信息一栏，主要关注的是试验类型、试验方法、试验条件以及试验中所监测的参数和试验时间。试验结束后还要记录试验结果，即该产品是否通过了试验，并进一步结合工程经验给出地面试验时间折算到在轨环境中的运行时间。

如附表7-3所示，对于在轨寿命数据采集表，主要针对在轨运行的在轨平台系统及其单机来采集数据，主要采集其在轨运行的时长和是否故障等信息，并尽可能记录其故障原因；对成败型产品，记录产品的累积工作次数和成功次数。另外，还需收集单机的工作模式，即在轨平台中的单机采用何种可靠性结构来工作，如串联、并联、表决、冷备等。

如附表7-4所示，对于在轨性能数据采集表，主要针对在轨平台的部分关键性单机采集其性能遥测数据，包括单机名称、所属航天装备的型号、单机编号、参数名称、监测时刻以及参数监测结果等。当单机的性能参数有多个时，可全部录入采集表中。

如附表7-5所示，对于历史寿命数据采集表，主要针对已经到寿的在轨平台单机和平台系统采集数据。与在轨寿命数据采集表类似，对长期工作的产品，主要采集其在轨运行时间和是否故障，并尽可能记录故障原因；对成败型产品，记录产品的累积工作次数和成功次数。另外，也需要收集单机的工作模式，即单机采用何种可靠性结构来工作，如串联、并联、表决、冷备等。

如附表7-6所示，对于相似产品寿命数据采集表，主要针对相似在轨平台单机和系统的寿命数据。与在轨寿命数据采集表和历史寿命数据采集表类似，对长期工作的产品，主要采集其在轨运行的时长和是否故障，并尽可能记录其故障原因；对成败型产品，记录产品的累积工作次数和成功次数。同样地，也需要收集产品的工作模式。另外，相似产品寿命数据还需采集相似因子，表征该产品与研究产品之间的相似程度。相似因子的计算方法见本书2.4.2节。

如附表7-7所示，对于专家信息数据采集表，采集单机和在轨平台可靠性的专家判断数据，包括特定任务时刻的可靠度、寿命或剩余寿命的预计值等。

2.4 数据预处理的方法

在轨平台的可靠性数据形式多样、种类众多，为了便于后期的剩余寿命预测研究，需要对各类数据进行预处理。对于不同类型的数据，处理方式也有所差别。

2.4.1 地面试验数据的折合

与在轨数据相比,在轨平台单机和平台系统的地面试验数据属于变环境的数据。航天装备在地面进行热真空试验,且地面试验环境的温度相对严酷,与在轨环境的温度相比,数值范围各延伸5~10℃。要将地面试验数据折合为在轨数据,若利用传统的环境因子方法折合,则要求航天装备在两个环境下都要有一定的失效数据。但航天装备的地面实验数据基本都是无失效的,因此考虑由专家根据工程经验进行打分给出环境因子。

对于航天装备最重要的热循环试验和热真空试验,考虑到地面温度范围只比在轨条件下延伸了5℃或10℃,对其寿命影响不大。因此根据工程经验,认为两种环境下的环境因子为1,如此可将地面试验数据折合到在轨环境。

2.4.2 产品相似程度的衡量

本书用相似因子衡量相似单机或平台之间的相似程度。相似因子是两种相似产品之间相似程度的数值度量,取值在0~1。对于相似因子的确定,现有方法对数据都有较高的要求,而在轨平台单机和系统的可靠性数据样本量都较小,不能满足要求,因此本书选择若干要素衡量相似产品之间的相似程度,并利用层次分析法结合专家打分来确定相似因子,具体步骤如下。

1. 相似要素值的确定

选择结构、功能、设计原理、工作原理、材料组成和工作环境6个要素衡量相似产品之间的相似性,并利用专家经验给出相应的相似要素取值,如表2-3 相似要素的取值范围所示,每个要素取值在0~1。

表2-3 相似要素的取值范围

项目	结构	功能	设计原理	工作原理	材料组成	工作环境
取值	[0,1]	[0,1]	[0,1]	[0,1]	[0,1]	[0,1]

2. 各个相似要素权重的确定

利用层次分析法建立相似要素的评价因素—重要性集合 $U = \{\mu_1, \mu_2, \cdots, \mu_6\}$,得到各相似要素之间的相对重要性数值,取值如表2-4所示,再确定不同相似要素的权重。

表2-4　各个要素的重要度矩阵标度及定义

标　度	定　义
1	要素 i 与要素 j 同等重要
3	要素 i 比要素 j 稍微重要
5	要素 i 比要素 j 明显重要
7	要素 i 比要素 j 强烈重要
9	要素 i 比要素 j 极端重要
2, 4, 6, 8	折中值
倒数	若要素 i 与要素 j 为的评价重要性为 u，则要素 j 与要素 i 之间即为 $1/u$

据此可得判断矩阵

$$P = \begin{pmatrix} \mu_{11} & \cdots & \mu_{16} \\ \vdots & \ddots & \vdots \\ \mu_{61} & \cdots & \mu_{66} \end{pmatrix} \tag{2.1}$$

并进一步给出不同要素之间的权重为

$$\beta_i = \frac{\left(\prod_{j=1}^{6} \mu_{ij}\right)^{\frac{1}{6}}}{\sum_{k=1}^{6}\left(\prod_{j=1}^{6} \mu_{kj}\right)^{\frac{1}{6}}} \tag{2.2}$$

3. 确定相似因子

给出相似单机或平台之间的相似因子为

$$\rho = \sum_{i=1}^{6} \beta_i q(\mu_i) \quad (i=1,2,\cdots,6) \tag{2.3}$$

式中：$q(\mu_i)$ 为第 i 个要素的数值；β_i 为第 i 个要素的权重值。

2.4.3　在轨性能数据的预处理

在轨平台部分关键性单机的性能遥测数据是一类重要的可靠性数据，其中蕴含着丰富的可靠性信息，特别是在单机没有失效数据时，常作为单机剩余寿命预测的重要数据来源。但是，由于工作环境、测量误差等原因，采集到的在轨性能数据并不能直接运用，需要通过一定的去噪、平滑等预处理，才能进一步开展单机的剩余寿命预测研究。

在已有数据中，由于在轨性能数据的实时监测特点，造成其原始数据波动较大，存在一些和其他数据偏差很大的点，称为异常值。将异常值从原始的在轨性能数据中剔除，是在轨性能数据预处理的重要内容。常用的异常值剔除方法是 3σ 原则，但这种方法是以假定数据服从正态分布为前提的。对于在轨平台单机的在轨性能数据，在某些情况下并不一定服从正态分布，因此本书采用箱线图（box-plot）方法剔除异常值。

箱线图依靠实际数据，不需要事先假定数据服从特定的分布形式，没有对数据所服从分布的限制性要求。另外，利用箱线图方法剔除异常值是以数据的四分位数和四分位间距为基础的，因此箱线图分析更适用于在轨平台单机的在轨性能数据异常值剔除中。记某段监测时间内的在轨性能数据的下四分位数和上四分位数分别为 Q_1 和 Q_3，其中 Q_1 将这部分在轨性能数据分为两部分，左侧部分和右侧部分的数据量分别占 25% 和 75%，Q_3 将这部分在轨性能数据也分为两部分，左侧部分和右侧部分的数据量分别占 75% 和 25%。令 IQR=Q_3-Q_1 为四分位间距，若原始的在轨性能数据落在取值范围 [Q_1-1.5IQR，Q_3+1.5IQR] 外时，则视为异常值并剔除。

2.4.4　在轨寿命数据的建模

在轨寿命数据是在轨平台单机和系统可靠性数据的重要组成部分，包括同类产品的在轨寿命数据、历史产品的在轨寿命数据和相似产品的在轨寿命数据。但在轨寿命数据与传统的寿命数据收集方式不同，下面进行具体阐述。

航天装备一般在不同的时刻发射升空，且每次只发射一颗，而在其发射后便开始进行状态监测。在发射所有系列的航天装备后，设定一个统一的终止监测时刻，一旦到达该时刻，便停止对所有航天装备的状态监测。该终止时刻与每个航天装备的发射时刻之差，即该装备的最长监测时间。若该装备的在轨平台在终止时刻之前失效，则记录其失效时刻，并停止监测。失效时刻与航天装备的发射时刻之差，即在轨平台的寿命，此时，在轨平台的寿命小于其最长监测时间。若在轨平台在到达终止时刻之时仍未失效，则停止监测。而终止时刻与航天装备的发射时刻之差，即未失效在轨平台的截尾时间，等同于该在轨平台的最长监测时间。停止对所有在轨平台的监测后，针对每个在轨平台，或者收集到失效时间，或者收集到截尾时间，统称为试验时间。

为便于分析，需要根据这一实际问题，建立相应的可靠性寿命试验模型。将所有被监测的在轨平台视为试验样品，航天装备发射升空后开始监测视为该样品开始进行试验。假定所有样品在同一时刻开始进行试验，针对每个样品，设定其在试验中的截止时间为相应的最长监测时间。由于每个样品的最长监测时间不同，因而每个样品的截止时间也不同。在试验过程中，若样品的试验时间为失效时间,相当于该样品在截止时间之前失效并停止试验,则此时收集到失效时间。而试验时间为截尾时间的样品则一直试验到截止时间才停止试验,此时收集到截尾时间。根据这一试验特点,可建立不等定时截尾试验模型。以3个在轨平台为例,在轨平台的遥测试验和对应的不等定时截尾试验模型如图2-2所示。根据以上建模过程,可将在轨平台的寿命数据转化为不等定时截尾数据。

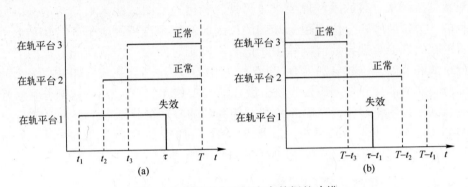

图2-2 在轨平台在轨寿命数据的建模

(a) 在轨平台的遥测试验;(b) 在轨平台的不等定时截尾试验。

第3章
基于在轨性能数据的卫星平台单机剩余寿命预测

对于高可靠性、长寿命的在轨平台单机和系统，经过相当长的运行后失效数据仍然极少，甚至没有失效，造成传统的基于大样本寿命数据的剩余寿命预测技术难以适用。由于产品性能退化与其失效之间的联系，对于可收集到在轨性能数据的在轨平台单机，其在轨性能数据中往往蕴含着一定的可靠性信息，因此可以利用分析单机的在轨性能数据，进一步对单机进行剩余寿命预测。

本章针对收集到在轨性能数据的单机，利用其在轨性能数据开展剩余寿命预测研究，分析过程具体如下。

（1）收集和整理单机的在轨性能数据，补充其中的缺失数据，并剔除其中的异常值，提高数据的质量。

（2）根据预处理后的在轨性能数据，进行退化特征提取，选择可以表征单机退化的特征参量。

（3）依据提取的特征参量，生成能够反映单机健康状态趋势的健康指标。

（4）确定健康指标的退化模型并进行检验，估计退化模型参数，并使用退化模型预测单机剩余寿命。

3.1 退化特征参数提取

在运用2.4.3节中的方法剔除原始在轨性能数据的异常值后，开展单机的退化特征提取工作。考虑到对于实际监测到的所有在轨性能数据，并非全部参数都可能反映在轨平台单机的退化和健康状态，如果将与单机退化和健康状态相关性低的参数也一并计算，会加大在轨平台单机剩余寿命预测的计算量，甚至可能会产生负面影响。因此要先开展单机的退化特征参数提取。

在现有研究中，对性能监测数据的参数提取大多基于参数之间的相关性或经验知识，或采用机器学习中的有监督方法。但在实际中，由于在轨平台的高可靠性和长寿命特点,只能收集到单机各监测时刻的性能参数监测数值,缺乏单机是否故障的标签数据,因而有监督方法很难适用。对于这一问题,考虑单机性能监测数据与单机健康状态的关系,本书提出一种半监督的机器学习方法,即首先利用无监督学习方法为数据附上"伪标签",再结合有监督学习方法进行特征参数的筛选,其中在无监督学习环节,主要通过预处理后的单机各时刻全部性能数据,利用无监督学习算法进行训练,获得各时刻的"伪标签";在有监督学习环节,主要通过性能数据和获得的"伪标签"数据,利用有监督学习算法计算得到各个性能参数的权重,从而进行退化特征参数提取。整个方法的过程如图3-1所示,下面进行具体说明。

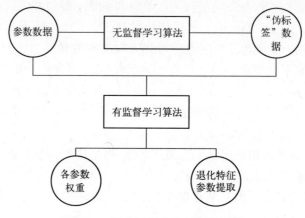

图 3-1 退化特征参数提取的过程

3.1.1 无监督学习

在机器学习算法中,聚类算法是一种应用广泛的无监督学习方法,主要目的是利用数据的相似程度对样本数据进行分类,使同类中的数据相似度尽可能高,而处于不同类之间的数据相似度尽可能小。考虑到在轨平台单机的性能监测数据情况,可以通过聚类方法,根据相似性对性能监测参数进行分组。基于密度的聚类算法(DBSCAN),该算法通过样本分布的紧密程度,即相同或者相似状态分布进行聚类,通过将紧密相连的样本划分为一类,就可得到一个相似的类别,并最终给出聚类后的所有类别。

给定数据集 $D=\{x_1,x_2,\cdots,x_m\}$,DBSCAN 聚类算法的相关定义如下。

定义1:以空间中任一点 x_j 为圆心,在半径为 r 的圆内包含的点的数目称为点 x_j 的密度。

定义2:对数据集中的对象 x_j,在其半径为 r 内的区域,称为该对象的 r-

领域，即

$$N_r(x_j) = \{x_k \in D \mid d(x_j, x_k) \leq r\} \quad (3.1)$$

式中：$d(x_j, x_k)$ 为两个对象 x_j 和 x_k 之间的距离。

定义 3：对于样本 x_j 的 r-领域，若其中至少包含 M 个样本，即 $|N_r(x_j)| \geq M$，则称 x_j 是一个核心对象，其中 $N_r(x_j)$ 为样本 x_j 的 r-领域包含的样本个数。

定义 4：若 x_j 位于核心对象 x_i 的 r-领域中，则称 x_j 由样本 x_i 密度直达。

定义 5：对样本 x_i 与 x_j，若存在样本序列 $p_1, p_2, \cdots, p_n$，其中 $p_1 = x_i$，$p_n = x_j$ 且 p_{i+1} 由 p_i 密度直达，$i = 1, 2, \cdots, n-1$，则称 x_j 由 x_i 密度可达。

定义 6：对样本 x_i 和 x_j，若存在 x_k 使 x_i 与 x_j 均由 x_k 密度可达，则称 x_i 与 x_j 密度相连。

图 3-2 所示为一组样本集的聚类结果，直观表示了上述相关概念，其中圆点代表一类核心簇，正方形点代表另一组核心簇，三角形点则表示噪声样本。图中核心对象数 $M = 3$，实心的点都是核心对象，因为其 r-邻域至少有 3 个样本。所有核心对象密度直达的样本都在以实心点为中心的超球体内，如果不在超球体内，则不能密度直达。图中用箭头连起来的核心对象组成了密度可达的样本序列。在这些密度可达的样本序列的 r-邻域内，所有的样本相互都是密度相连的。

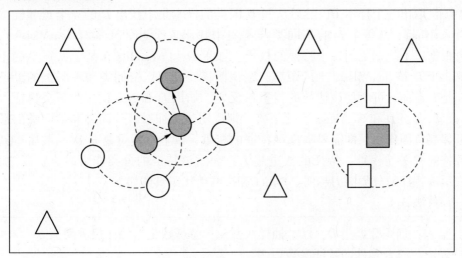

图 3-2 一组样本集的聚类结果

DBSCAN 算法的具体计算过程为：首先确认样本集中每个对象的邻域密度，将满足给定邻域参数的对象加入核心对象集合，然后从核心对象集合中随机选取一个对象作为"种子",再计算与选取的核心对象所有的密度直达与密度可达对象,从而确定相应的聚类簇。当核心对象集合中所有的核心对象都被访问过,则完成一次,得到一个聚类结果,此时原始样本集会被分成 N 个核心簇以及 M 个噪点。DBSCAN 算法的时间复杂度主要在于邻域的计算。

DBSCAN 方法通常对参数比较敏感,如果参数使用不当,则会造成聚类质量的下降,进而导致一部分距离较近的数据的"伪标签"出现错误,影响到后续的分析。现有研究通常通过经验确定聚类的输入参数,此处运用分类适确性(DBI)指标,对聚类结果的优劣进行评价。DBI 指标为任意两个类别的类内平均距离之和与两聚类质心间距之比的最大,DBI 值越小,说明同簇内部越紧密,不同簇分离越远,类内距离越小,类间距离越大,即聚类结果越优。因此,采用 DBSCAN 方法进行聚类后,可再使用 DBI 指标进行评价,通过迭代更新的方式确定 DBSCAN 的最佳参数,使通过聚类得到的"伪标签"真实有效,能够反映数据之间的内部关系。

3.1.2 有监督学习

在通过聚类得到"伪标签"后,进一步基于 Relief 方法,利用监测数据和获得的"伪标签"进行退化特征参数的提取。Relief 算法每次从训练样本集中随机取出一个样本 D,然后从和 D 同类的样本集中找出 D 的 k 个近邻样本(NearHits),从每个 D 的不同类样本集中找出 k 个近邻样本(NearMisses),再根据以下规则更新每个特征的权重:如果 D 和 NearHits 在某个特征上的距离小于 D 和 NearMisses 上的距离,则说明该特征对区分同类和不同类的最近邻是有益的,可增加该特征的权重;反之,如果 D 和 NearHits 在某个特征上的距离大于 D 和 NearMiss 上的距离,则说明该特征对区分同类和不同类的最近邻起负面作用,即需要降低该特征的权重。以上过程重复 m 次,最后得到各特征的平均权重。特征的权重越大,表示该特征的分类能力越强;反之,表示该特征的分类能力越弱。Relief 算法的伪代码具体如下。

算法 3.1

输入:训练数据集 D,样本抽样次数 m,特征数量,特征权重阈值 σ
输出:符合条件的特征参数集 T
1. 所有参数的权重值置零,令 T 为空集 n
2. for $i = 1,2,\cdots,m$
   从 D 中随机选择样本 R,分别找到相应的 NearHits H 和 NearMisses M

3. for $j = 1, 2, \cdots, n$

$$W(A_j) = W(A_j) - \frac{d(A_j, R, H)}{m} + \frac{d(A_j, R, M)}{m}$$，其中 $W(\cdot)$ 为权重，$d(\cdot)$ 为距离

4. for $j = 1, 2, \cdots, n$

如果 $W(A_j) > \sigma$，则添加 A_j 到集合 T 中

结合 DBSCAN 算法、DBI 指标和 Relief 算法，可以实现单机特征参数的提取。

3.2 单机健康指标构造

经过提取后的特征参数分别表征了单机在某个方面的工作状态，为了能够更好地应用提取到的特征参数开展剩余寿命预测，需要将单机不同的特征参数进行综合。一种有效的思路是记录单机在正常工作时的工作状态，并记为标准状态，在之后的退化过程中，通过计算某一时刻该单机的多个参数与标准状态的"综合距离"来衡量单机的退化程度。根据这一思路，本书使用自组织神经网络方法将提取到的多个特征参数融合形成单个健康指标。

与其他神经网络相比，自组织神经网络的结构及其学习规则有自己的特点。在网络结构上，它一般是由输入层和输出层构成的两层网络，两层之间各神经元实现双向连接，而且网络没有隐含层，其中输出层的神经元通常以矩阵方式排列在二维空间中，每个神经元都有一个权值向量，其基本结构如图 3-3 所示。设定输入层神经元个数为 n，输入样本为 $X = [x_1, x_2, \cdots, x_n]$，设定输出层有 m 个神经元，则有 m 个权值向量

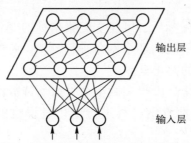

图 3-3 自组织神经网络的基本结构

$$W_i = [w_{i1}, w_{i2}, \cdots, w_{in}] \quad (1 \leq i \leq m) \tag{3.2}$$

下面对自组织神经网络算法流程进行具体描述。

（1）使用较小的随机值对权值进行初始化，并对输入向量和权值做归一化处理。

$$X' = \frac{X}{\|X\|}, W_i' = \frac{W_i}{\|W_i\|} \tag{3.3}$$

式中：$\|X\|$ 和 $\|W_i\|$ 分别为输入的样本向量和权值向量的欧几里得范数。

（2）将样本与权值向量做点积，取点积值最大的输出神经元为获胜神经元。

（3）对获胜神经元拓扑邻域内的神经元进行更新，并对学习后的权值重新归一化。

$$\varpi(t+1) = \varpi(t) + t[X - \varpi(t)]\exp(-n) \tag{3.4}$$

如果达到预设的迭代次数，则结束算法。

定义健康指标 C 是介于 0 到 1 的数值，计算公式为

$$C = \frac{c}{c + \sqrt{\mathrm{MQE}}} \tag{3.5}$$

式中：c 为常数，可以根据实际情况进行设定：

$$\mathrm{MQE} = \|T - \varpi_{\mathrm{BMU}}\| \tag{3.6}$$

式中：MQE 为输入向量偏离正常状态的程度；ϖ_{BMU} 为获胜神经元。当指标越高时表示单机的健康状态越正常，越低则表示健康状态越差。

3.3　单机退化建模和剩余寿命预测

在得到单机的健康指标后，可建立健康指标的变化模型，对其发展趋势进行拟合，并进一步对单机的剩余寿命进行预测。此处考虑采用基于性能退化的模型描述健康指标的变化模型。

如果产品的性能退化是由很多微小损失量所造成的均匀而平缓的退化过程，则可以考虑采用线性维纳过程进行退化过程建模。对于线性维纳过程 $X(t)$，其满足

$$X(t) = \mu t + \sigma W(t) \tag{3.7}$$

式中：μ 为漂移系数；σ 为扩散系数；$W(t)$ 为布朗运动。对于线性维纳过程，当设定失效阈值为 D 时，其寿命 T 是性能退化量首次达到失效阈值的时间，即

$$T = \inf\{t \mid X(t) = D, t \geq 0\} \tag{3.8}$$

考虑到产品最终都会失效，为了保证 $X(t)$ 能够到达失效阈值 D，要求漂移参数 $\mu > 0$。根据式（3.8），可以推导得到寿命 T 的分布为逆高斯分布，相应的分布函数和概率密度函数分别为

$$F(t) = \Phi\left(\frac{\mu t - D}{\sigma\sqrt{t}}\right) + \exp\left(\frac{2\mu D}{\sigma^2}\right)\Phi\left(\frac{-D-\mu t}{\sigma\sqrt{t}}\right) \tag{3.9}$$

$$f(t) = \frac{D}{\sqrt{2\pi\sigma^2 t^3}}\exp\left[-\frac{(D-\mu t)^2}{2\sigma^2 t}\right] \tag{3.10}$$

而可靠度函数为

$$R(t) = \Phi\left(\frac{D-\mu t}{\sigma\sqrt{t}}\right) - \exp\left(\frac{2\mu D}{\sigma^2}\right)\Phi\left(\frac{-D-\mu t}{\sigma\sqrt{t}}\right) \tag{3.11}$$

进一步可得产品寿命 T 的期望为

$$E(T) = \frac{D}{\mu} \tag{3.12}$$

对于线性维纳过程，假设其运行到时刻 τ 仍未失效，且 τ 时刻处的性能退化量为 x_τ，其中 $x_\tau < D$，则产品的剩余寿命 L 可以表示为

$$L = \inf\{l \mid X(l+\tau) \geq D\} \tag{3.13}$$

其中，$X(\tau) = x_\tau$，$l \geq 0$。由线性维纳过程的独立增量性质和齐次马尔可夫性可知：

$$\begin{aligned}L &= \inf\{l \mid X(l+\tau) - X(\tau) \geq D - x_\tau\} \\ &= \inf\{l \mid X(l) \geq D - x_\tau\}\end{aligned} \tag{3.14}$$

由式（3.14）可知，剩余寿命 L 也是逆高斯分布，其密度函数只需将寿命 T 的密度函数中的失效阈值 D 替换为 $D-x_\tau$，即

$$f_L(l) = \frac{D-x_\tau}{\sqrt{2\pi\sigma^2 l^3}}\exp\left[-\frac{(D-x_\tau-\mu l)^2}{2\sigma^2 l}\right] \tag{3.15}$$

由此便得到基于线性维纳过程的剩余寿命分布。进一步可知，剩余寿命 L 的期望为

$$E(L) = \frac{D-x_\tau}{\mu} \tag{3.16}$$

在基于性能退化的剩余寿命预测中，一般认为产品的失效阈值 D 是已知常数，通常由产品的功能需求或者失效物理分析来确定。因此，只需估计得到漂移参数 μ 和扩散系数 σ 后，即可根据式（3.15）求得产品剩余寿命 L 的分布。对于漂移参数 μ 和扩散系数 σ 的估计，假设共有 n 个样品进行性能退化试验。样品 i 在初始时刻 t_{i0} 的性能监测值为 $X_{i0}=0$，依次在时刻 $t_{i1},t_{i2},\cdots,t_{im_i}$ 处测量样品性能，得到其测量值为 $X_{i1},X_{i2},\cdots,X_{im_i}$。记 $\Delta x_{ij}=X_{ij}-X_{i(j-1)}$ 是样品 i 在时刻 $t_{i(j-1)}$ 和 t_{ij} 之间的性能退化量，由维纳过程的性质可知 Δx_{ij} 服从正态分布，即

$$\Delta x_{ij} \sim N(\mu\Delta t_{ij}, \sigma^2 \Delta t_{ij})$$

其中，$\Delta t_{ij}=t_{ij}-t_{i(j-1)}$（$i=1,2,\cdots,n$；$j=1,2,\cdots,m_i$）。根据极大似然估计方法，由性能退化数据 Δx_{ij}（$i=1,2,\cdots,n$；$j=1,2,\cdots,m_i$），可得似然函数为

$$L(\mu,\sigma^2)=\prod_{i=1}^{n}\prod_{j=1}^{m_i}\frac{1}{\sqrt{2\sigma^2\pi\Delta t_{ij}}}\exp\left[-\frac{(\Delta x_{ij}-\mu\Delta t_{ij})^2}{2\sigma^2\Delta t_{ij}}\right] \qquad (3.17)$$

令式（3.17）最大，可以求得参数 μ 和 σ^2 的极大似然估计为

$$\hat{\mu}=\frac{\sum_{i=1}^{n}X_{im_i}}{\sum_{i=1}^{n}t_{im_i}},\quad \hat{\sigma}^2=\frac{1}{\sum_{i=1}^{n}m_i}\left[\sum_{i=1}^{n}\sum_{j=1}^{m_i}\frac{(\Delta x_{ij})^2}{\Delta t_{ij}}-\frac{\left(\sum_{i=1}^{n}X_{im_i}\right)^2}{\sum_{i=1}^{n}t_{im_i}}\right] \qquad (3.18)$$

根据极大似然估计 $\hat{\mu}$ 和 $\hat{\sigma}^2$ 可得剩余寿命的分布和剩余寿命的期望为

$$f_L(l)=\frac{D-x_\tau}{\sqrt{2\pi\hat{\sigma}^2 l^3}}\exp\left[-\frac{(D-x_\tau-\hat{\mu}l)^2}{2\hat{\sigma}^2 l}\right] \qquad (3.19)$$

$$E(L)=\frac{D-x_\tau}{\hat{\mu}} \qquad (3.20)$$

以上分析了线性维纳过程的性质和参数估计方法，但在实际应用中，需要首先确定单机的性能退化过程，即辨识退化过程模型。对于线性维纳过程，根据采集得到的性能退化量数据，可观察相邻时间段 $\Delta t=t-s$ 内退化量 $\Delta x=X(t)-X(s)$ 服从的分布。由于退化量增量满足 $\Delta x \sim N(\mu\Delta t,\sigma^2\Delta t)$，因此可通过正态概率值来判别产品的性能退化过程是否服从线性维纳过程。

通过以上分析可得基于线性维纳过程进行单机的剩余寿命预测过程，如图3-4所示。

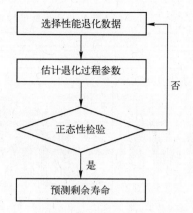

图 3-4 基于维纳过程的剩余寿命预测过程

3.4 算例分析

本节针对某型号卫星平台的动量轮单机,利用收集到的电流、轴温和转速 3 个性能监测参数,开展剩余寿命预测的应用分析。

假定动量轮性能监测参数的原始退化阈值为 D,由于收集到的动量轮性能监测数据并非从初始时刻开始的,因此收集到的性能监测数据初值 $X(0) \neq 0$,此时令动量轮性能监测参数的失效阈值为 $D-X(0)$,即转化为初始时刻性能测量值为 0 的情形。

3.4.1 数据预处理

动量轮的性能监测数据数据量大,且波动也大。为此,按照 2.4.3 节的方法对动量轮的电流、轴温和转速 3 个性能监测参数进行预处理,剔除其中的异常值。预处理前后的动量轮电流、轴温和转速性能数据分别如图 3-5~图 3-7 所示。

3.4.2 特征参数提取

根据 3.1 节所述方法,对该型号卫星平台的动量轮进行退化特征参数提取。首先利用 DBSCAN 方法对动量轮监测参数进行聚类,并使用 DBI 指标进行聚类效果评价,通过迭代更新的方法确定 DBSCAN 的最佳参数,保证所得的"伪标签"有效,最后再基于 ReliefF 方法,输出各个性能监测参数的权重,如表 3-1 所列。因此,此处选择动量轮的电流和转速 2 个监测参数作为提取后的动量轮特征参数。

表 3-1 动量轮 3 个性能监测参数的权重

电　流	轴　温	转　速
0.032	0.005	0.185

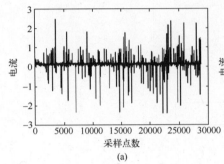
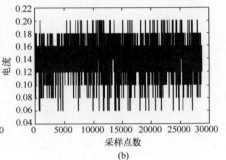

图 3-5　动量轮电流数据预处理
（a）处理前；（b）处理后。

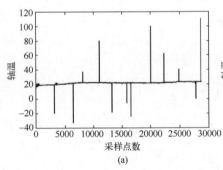
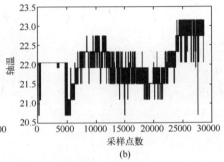

图 3-6　动量轮轴温数据预处理
（a）处理前；（b）处理后。

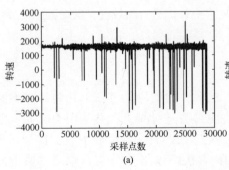
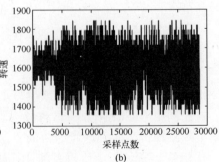

图 3-7　动量轮转速性能数据预处理
（a）处理前；（b）处理后。

3.4.3 健康指标构造

根据 3.2 节所述方法,将动量轮的电流和转速作为特征参数,输入自组织神经网络中,形成健康指标,如图 3-8 所示。

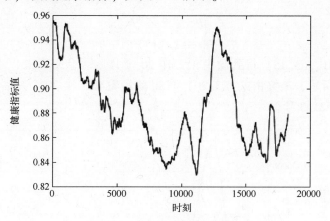

图 3-8 动量轮健康指标趋势

3.4.4 退化建模和剩余寿命预测

将图 3-8 中的健康指标视为线性维纳过程的性能参数,利用 QQ 图检验健康指标是否服从线性维纳过程,即用标准正态分布拟合健康指标的变化量,所得检验结果如图 3-9 所示。易知正态分布的拟合检验结果比较理想,因此用线性维纳过程对动量轮健康指标进行退化建模是可行的。

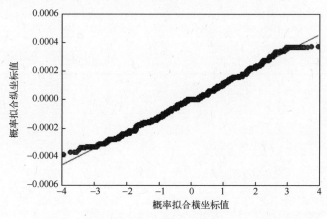

图 3-9 动量轮健康指标变化量的 QQ 检验结果

当采用式（3.7）中的线性维纳过程描述动量轮健康指标的退化趋势时，设定健康指标的退化失效阈值为 0.6，利用图 3-8 中的健康指标数据，根据极大似然法，可得式（3.18）中的线性维纳过程漂移参数和扩散参数的极大似然估计为

$$\begin{cases} \hat{\mu} = 7.47 \times 10^{-7} \\ \hat{\sigma} = 1.14 \times 10^{-4} \end{cases}$$

进一步根据式（3.15）得到动量轮工作 20 个月后剩余寿命的概率密度函数，如图 3-10 所示，最终由式（3.20）求得动量轮在工作 20 个月后的剩余寿命预测结果为 21.3 年。

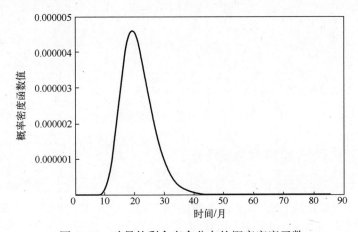

图 3-10 动量轮剩余寿命分布的概率密度函数

第4章
基于多源信息融合的在轨平台单机剩余寿命预测

令 $F(t)$ 表示单机寿命的分布函数,$F_L(t)$ 表示单机时刻 τ 处剩余寿命的分布函数,则

$$F_L(t) = \frac{F(t+\tau)-F(\tau)}{1-F(\tau)} \tag{4.1}$$

于是,可得时刻 τ 处单机剩余寿命的概率密度函数为

$$f_l(t) = \frac{\mathrm{d}}{\mathrm{d}t}F_L(t) = \frac{f(t+\tau)}{1-F(\tau)} \tag{4.2}$$

可知剩余寿命的点估计为

$$\mu_l = \int_t t f_l(t) \mathrm{d}t \tag{4.3}$$

韦布尔分布在可靠性工程中应用广泛,其分布函数为

$$F(t;\lambda,\beta) = 1-\exp(-\lambda t^\beta) \tag{4.4}$$

其中,$t \geq 0$,$\lambda > 0$,$\beta > 0$。相应的概率密度函数为

$$f(t;\lambda,\beta) = \lambda\beta t^{\beta-1}\exp(-\lambda t^\beta) \tag{4.5}$$

根据式(4.2)可得 τ 时刻处剩余寿命的概率密度函数为

$$f_l(t;\lambda,\beta) = \lambda\beta(t+\tau)^{\beta-1}\exp[\lambda\tau^\beta - \lambda(t+\tau)^\beta] \tag{4.6}$$

传统的单机剩余寿命预测方法主要基于大样本失效数据,对于在轨平台单机这类高可靠性、长寿命装备难以适用。另外,如果充分利用在轨平台在研制和使用过程中的各类可靠性数据,则可以提高其剩余寿命预测的精度。本章主要利用贝叶斯理论研究基于多源信息融合的单机剩余寿命预测方法。

根据贝叶斯理论的要求,将同类产品寿命数据作为现场数据,将相似产品数据、历史产品数据、在轨性能数据和专家信息等其他类型可靠性数据作为验前信息,能够得到单机的四类验前信息。由于单机有多个不同类型的验前信息,需要将历史产品数据、相似产品数据、在轨性能数据和专家信息分别转化为一个验前分布,再将四个验前分布综合为一个验前分布,而后结合

单机现场数据所得的似然函数进行贝叶斯推断,求得验后分布,最终给出单机剩余寿命的贝叶斯估计结果。下面描述各个步骤的具体分析方法。

4.1 验前分布的确定

本节分析依据在轨平台单机的历史产品数据、在轨性能数据、相似产品数据和专家信息等验前信息确定验前分布的方法。为便于开展分析,各类不同类型的验前信息描述如下。

(1) 历史产品数据记为 $D_H = \{t_1^H, t_2^H, \cdots, t_d^H, t_{d+1}^H, \cdots, t_p^H\}$,其中 p 为样本量,$\{t_1^H, t_2^H, \cdots, t_d^H\}$ 为失效数据,$\{t_{d+1}^H, \cdots, t_p^H\}$ 为截尾寿命数据。

(2) 相似产品数据记为 $D_S = \{t_1^S, t_2^S, \cdots, t_k^S, t_{k+1}^S, \cdots, t_m^S\}$,其中 m 为样本量,$\{t_1^S, t_2^S, \cdots, t_k^S\}$ 为失效数据,$\{t_{k+1}^S, \cdots, t_m^S\}$ 为截尾寿命数据,ρ 为相似因子。

(3) 在轨性能数据:收集到 l 个单机的在轨性能数据 $X = \{X_1, X_2, \cdots, X_l\}$,其中第 d 个单机的在轨性能数据为 $X_d = \{X_{d1}, X_{d2}, \cdots, X_{dh}\}$,对应时刻 $d_1, d_2, \cdots, d_h$ 处所收集到的性能参数监测值。

(4) 专家信息:①时刻 τ 处的可靠度点估计 R_0;②时刻 τ 处的可靠度在置信水平$(1-\alpha)$下的置信下限 R_L;③寿命的点估计 L_0;④寿命在置信水平$(1-\delta)$下的置信区间$[L_l, L_h]$;⑤τ 时刻处剩余寿命的点估计 L_0;⑥τ 时刻处剩余寿命在置信水平$(1-\gamma)$下的置信区间$[L_l, L_h]$。

记依据历史产品数据、在轨性能数据、相似产品数据以及专家信息转化所得的验前分布为 $\pi_i(\lambda, \beta)$,下面分析 $\pi_i(\lambda, \beta)$($i=1,2,3,4$) 的确定方法。

4.1.1 依据历史产品数据确定验前分布

当单机寿命服从韦布尔分布时,单机在时刻 τ 处的可靠度为

$$R_\tau = \exp(-\lambda \tau^\beta) \tag{4.7}$$

假设 R_τ 的验前分布为负对数伽马分布(NLG),其分布为

$$\pi(R_\tau) = \frac{b^a}{\Gamma(a)} (R_\tau)^{b-1} (-\ln R_\tau)^{a-1} \tag{4.8}$$

其中 $b=0$,

$$a = \begin{cases} 0 & (d \neq 0) \\ 0.5 & (d = 0) \end{cases}$$

可将式(4.8)简写为

$$\pi(R_\tau) = \begin{cases} \text{NLG}(0,0), & (d \neq 0) \\ \text{NLG}(0.5, 0), & (d = 0) \end{cases} \quad (4.9)$$

对式（4.8）关于 λ 求偏导可得

$$\frac{d}{d\lambda} R_\tau = -\tau^\beta \exp(-\lambda \tau^\beta) < 0 \quad (4.10)$$

可知 R_τ 随 λ 增大而减小，因而有

$$P(\lambda < x) = P[R_\tau > \exp(-x\tau^\beta)]$$

$$= \int_{\exp(-x\tau^\beta)}^{1} \pi(R_\tau) dR_\tau \quad (4.11)$$

再对 x 求导可得

$$f_\lambda(x) = \frac{(b\tau^\beta)^a}{\Gamma(a)} x^{a-1} \exp(-b\tau^\beta x) \quad (4.12)$$

即有 λ 关于 β 的条件分布为

$$\pi(\lambda | \beta) = \frac{(b\tau^\beta)^a}{\Gamma(a)} x^{a-1} \exp(-b\tau^\beta x) \quad (4.13)$$

假设参数 β 服从均匀分布

$$\pi(\beta) = \frac{1}{\beta_2 - \beta_1} \quad (4.14)$$

其中，$\beta_1 \leq \beta \leq \beta_2$，则可得 λ 与 β 的联合验前分布为

$$\pi(\lambda, \beta) = \frac{1}{\beta_2 - \beta_1} \frac{(b\tau^\beta)^a}{\Gamma(a)} \lambda^{a-1} \exp(-b\tau^\beta \lambda) \quad (4.15)$$

其中，$\lambda > 0$，$\beta_1 \leq \beta \leq \beta_2$。由于历史寿命数据的极大似然函数为

$$L(D_H | \lambda, \beta) = \lambda^d \beta^d (E^H)^{\beta-1} \exp[-\lambda F^{H(\beta)}] \quad (4.16)$$

其中，$E^H = \prod_{i=1}^{d} t_i^H$，$F^{H(\beta)} = \sum_{i=1}^{p} (t_i^H)^\beta$，则结合式（4.15）中的验前分布，可推得验后分布为

$$\pi(\lambda, \beta | D_H) = \frac{\pi(\lambda, \beta) \cdot L(D_H)}{\int_{\beta_1}^{\beta_2} \pi(\lambda, \beta) \cdot L(D_H) d\lambda d\beta}$$

$$= \frac{\tau^{a\beta} \beta^d (E^H)^{\beta-1} \lambda^{d+a-1} \exp[-\lambda(F^{H(\beta)} + b\tau^\beta)]}{\int_{\beta_1}^{\beta_2} \int_0^\infty \tau^{a\beta} \beta^d (E^H)^{\beta-1} \lambda^{d+a-1} \exp[-\lambda(F^{H(\beta)} + b\tau^\beta)] d\lambda d\beta}$$

$$= \frac{\tau^{a\beta} \beta^d (E^H)^{\beta-1} \lambda^{d+a-1} \exp[-\lambda(F^{H(\beta)} + b\tau^\beta)]}{\int_{\beta_1}^{\beta_2} \tau^{a\beta} \beta^d (E^H)^{\beta-1} \frac{\Gamma(d+a)}{(F^{H(\beta)} + b\tau^\beta)^{d+a}} d\beta} \quad (4.17)$$

由此可得，依据历史寿命数据所确定的验前分布为

$$\pi_1(\lambda,\beta) = \frac{\tau^{a\beta}\beta^d(E^H)^{\beta-1}\lambda^{d+a-1}\exp[-\lambda(F^{H(\beta)}+b\tau^\beta)]}{\int_{\beta_1}^{\beta_2}\tau^{a\beta}\beta^d(E^H)^{\beta-1}\dfrac{\Gamma(d+a)}{(F^{H(\beta)}+b\tau^\beta)^{d+a}}\mathrm{d}\beta} \quad (4.18)$$

其中，$E^H = \prod\limits_{i=1}^{d} t_i^H$，$F^{H(\beta)} = \sum\limits_{i=1}^{p}(t_i^H)^\beta$，$a = \begin{cases} 0 & (d\neq 0) \\ 0.5 & (d=0) \end{cases}$，$b=0$。

4.1.2 依据在轨性能数据确定验前分布

不失一般性，假设在轨性能过程有增长趋势利用第 3 章的方法，在给定健康因子阈值后，利用退化路径模型、退化分布模型以及随机过程等方法，对在轨性能数据 $X=\{X_1,X_2,\cdots,X_l\}$ 进行建模，预测产品的寿命 $D_G=\{t_1^G,t_2^G,\cdots,t_l^G\}$，再按照 4.1.1 节的方法，依据在轨性能数据确定验前分布 $\pi_2(\lambda,\beta)$。

4.1.3 依据相似产品数据确定验前分布

假设依据相似产品数据确定的验前分布有如下形式：

$$\pi_3(\lambda,\beta) = \rho\pi_{31}(\lambda,\beta)+(1-\rho)\pi_{32}(\lambda,\beta) \quad (4.19)$$

式中：ρ 为相似因子；$\pi_{31}(\lambda,\beta)$ 为继承验前，表示相似单机与待研究单机的继承性；$\pi_{32}(\lambda,\beta)$ 为更新验前，表示相似单机与待研究单机之间的差异性和不确定性，通常假设更新先验为无信息验前分布。

对于继承验前，可根据相似产品寿命数据 $D_S=\{t_1^S,t_2^S,\cdots,t_k^S,t_{k+1}^S,\cdots,t_m^S\}$，利用 4.1.1 节中的方法进行确定，可得

$$\pi_{31}(\lambda,\beta) = \frac{\tau^{a_1\beta}\beta^k U^{\beta-1}\lambda^{k+a_1-1}\exp[-\lambda(V^{(\beta)}+b_1\tau^\beta)]}{\int_{\beta_1}^{\beta_2}\tau^{a_1\beta}\beta^k U^{\beta-1}\dfrac{\Gamma(k+a_1)}{(V^{(\beta)}+b_1\tau^\beta)^{k+a_1}}\mathrm{d}\beta} \quad (4.20)$$

其中，$U = \prod\limits_{i=1}^{k} t_i^S$，$V^{(\beta)} = \sum\limits_{i=1}^{m}(t_i^S)^\beta$，$a_1 = \begin{cases} 0, & k\neq 0 \\ 0.5, & k=0 \end{cases}$，$b_1 = \dfrac{T_S}{\tau}$，$T_S = \sum\limits_{i=1}^{m} t_i^S$。

对于更新验前，考虑到无信息验前分布的取法，假设当前可靠度 R_τ 在 $[0,1]$ 上服从均匀分布，根据式（4.15），令 $a=1$，$b=1$，可得

$$\pi_{32}(\lambda,\beta) = \frac{1}{\beta_2-\beta_1}\tau^\beta\exp(-\tau^\beta\lambda) \quad (4.21)$$

其中，$\lambda>0$，$\beta_1\leqslant\beta\leqslant\beta_2$。

结合 2.4.2 节中给出的相似因子 ρ，式（4.20）中的继承验前分布和式（4.21）中的更新验前分布，可得式（4.19）中依据相似产品数据所确定的验前分布。

4.2 依据专家信息确定验前分布

本节分别考虑不同形式的专家数据如何转化为验前分布。

对于专家信息（1）的形式，即给出当前时刻 τ 处可靠度 R_τ 的点估计 R_0，假定 R_τ 服从式（4.8）中的负对数伽马分布，则有

$$\int_0^1 R_\tau \pi(R_\tau) dR_\tau = R_0 \tag{4.22}$$

根据最大熵方法建立优化模型确定负对数伽马分布的分布参数

$$\max H = -\int_0^1 \pi(R_\tau) \ln[\pi(R_\tau)] dR_\tau$$
$$\text{s.t.} \int_0^1 R_\tau \pi(R_\tau) dR_\tau = R_0 \tag{4.23}$$

经过分析，式（4.23）可以简化为

$$\max H = -a\ln(b) + \ln[\Gamma(a)] + \frac{a(b-1)}{b} - \frac{(a-1)b^a}{\Gamma(a)} B$$
$$\text{s.t.} \left(\frac{b}{b+1}\right)^a = R_0 \tag{4.24}$$

其中，

$$B = \int_0^1 (R_\tau)^{b-1} (-\ln R_\tau)^{a-1} \cdot \ln[-\ln(R_\tau)] dR_\tau$$

且 a 和 b 满足

$$a = \frac{\ln(R_0)}{\ln(b) - \ln(b+1)}$$

如此可将式（4.23）转化为式（4.24）中的单变量优化问题，从而求解超参数代入式（4.8），即可确定式（4.8）和式（4.15）中的验前分布。

对于 4.1 节中所述专家信息（2）的形式，即 τ 时刻可靠度在置信水平 $(1-\gamma)$ 下的置信下限 R_L，则有

$$\int_{R_L}^1 \pi(R_\tau) dR_\tau = 1 - \gamma \tag{4.25}$$

其中，$\pi(R_\tau)$ 如式（4.8）所示，类似地根据最大熵方法得

$$\max H = -\int_0^1 \pi(R_\tau) \ln[\pi(R_\tau)] dR_\tau$$
$$\text{s.t.} \int_{R_L}^1 \pi(R_\tau) dR_\tau = 1 - \gamma \tag{4.26}$$

对于

$$\int_{R_L}^{1} \pi(R_\tau)\,dR_\tau = 1 - \gamma$$

可转化为

$$I_{-b\ln(R_L)}(a) = 1-\gamma$$

其中

$$I_{-b\ln(R_L)}(a) = \frac{1}{\Gamma(a)}\int_0^{-b\ln(R_L)} e^{-t} t^{a-1}\,dt \qquad (4.27)$$

为不完全伽马函数。为此可将式（4.26）中的优化模型转化为

$$\max H = -a\ln(b) + \ln(\Gamma(a)) + \frac{a(b-1)}{b} - \frac{(a-1)b^a}{\Gamma(a)}B$$

$$\text{s. t. } I_{-b\ln(R_L)}(a) = 1-\gamma$$

参数 a 和 b 可以通过相关优化算法计算得到，将计算得到的超参数代入式（4.8），即可确定式（4.8）和式（4.15）中的验前分布。

对于 4.1 节中所述专家信息（3）的形式，假设给定寿命的估计为 L_0，且已知韦布尔分布寿命的期望为

$$\mu_l = \lambda^{-\frac{1}{\beta}} \Gamma\left(1 + \frac{1}{\beta}\right) \qquad (4.28)$$

类似地，根据式（4.15）中的验前分布，利用最大熵方法可得优化模型

$$\max H = -\int_0^1 \pi(R_\tau)\ln[\pi(R_\tau)]\,dR_\tau$$

$$\text{s. t. } \int_{\beta_1}^{\beta_2}\int_0^{\infty} \mu_l \pi(\lambda,\beta)\,d\lambda\,d\beta = L_0$$

其中

$$\int_{\beta_1}^{\beta_2}\int_0^{\infty} \mu_l \pi(\lambda,\beta)\,d\lambda\,d\beta = \int_{\beta_1}^{\beta_2}\int_0^{\infty} \lambda^{-\frac{1}{\beta}}\Gamma\left(1+\frac{1}{\beta}\right)\frac{1}{\beta_2-\beta_1}$$

$$\frac{(b_1\tau^\beta)^a}{\Gamma(a)}\lambda^{a-1}\exp(-b\tau^\beta\lambda)\,d\lambda\,d\beta$$

若有 $a - \frac{1}{\beta} > 0$ 成立，则

$$\int_{\beta_1}^{\beta_2}\int_0^{+\infty} \mu_l \pi(\lambda,\beta)\,d\lambda\,d\beta = \tau\int_{\beta_1}^{\beta_2} \frac{b^{\frac{1}{\beta}}\Gamma\left(1+\frac{1}{\beta}\right)}{\beta_2-\beta_1} \frac{\Gamma\left(a-\frac{1}{\beta}\right)}{\Gamma(a)}\,d\beta$$

因而可将优化模型简化为

$$\max H = -a\ln(b) + \ln(\Gamma(a)) + \frac{a(b-1)}{b} - \frac{(a-1)b^a}{\Gamma(a)}B$$

$$\text{s. t.} \int_{\beta_1}^{\beta_2} \frac{b^{\frac{1}{\beta}}\Gamma\left(1+\frac{1}{\beta}\right)}{\beta_2-\beta_1} \frac{\Gamma\left(a-\frac{1}{\beta}\right)}{\Gamma(a)} d\beta = \frac{L_0}{\tau}$$

通过相关优化算法计算得到参数 a 和 b,代入式(4.8),即可确定式(4.8)和式(4.15)中形式的验前分布。

对于4.1节中所述专家信息(4)的形式,即寿命在置信水平$(1-\delta)$下的置信区间$[\mu_L,\mu_H]$,由于

$$F(\mu_L) = \frac{\delta}{2}, \quad F(\mu_H) = 1-\frac{\delta}{2}$$

可得

$$\mu_L = A_L \lambda^{-\frac{1}{\beta}}, \quad \mu_H = A_H \lambda^{-\frac{1}{\beta}}$$

其中

$$A_L = \left[-\ln\left(1-\frac{\delta}{2}\right)\right]^{\frac{1}{\beta}}, \quad A_H = \left(-\ln\frac{\delta}{2}\right)^{\frac{1}{\beta}}$$

类似地,对于置信区间$[L_l,L_h]$,存在

$$\begin{cases} \int_{\beta_1}^{\beta_2}\int_0^\infty \mu_L \pi(\lambda,\beta) d\lambda d\beta = L_l \\ \int_{\beta_1}^{\beta_2}\int_0^\infty \mu_H \pi(\lambda,\beta) d\lambda d\beta = L_h \end{cases}$$

若 $a-\frac{1}{\beta}>0$,则可知

$$\int_{\beta_1}^{\beta_2}\int_0^\infty \lambda^{-\frac{1}{\beta}} \pi(\lambda,\beta) d\lambda d\beta = \int_{\beta_1}^{\beta_2} \frac{\tau b^{\frac{1}{\beta}}}{\beta_2-\beta_1} \frac{\Gamma\left(a-\frac{1}{\beta}\right)}{\Gamma(a)} d\beta$$

则有

$$\begin{cases} \int_{\beta_1}^{\beta_2} \frac{\tau b^{\frac{1}{\beta}}}{\beta_2-\beta_1} \frac{\Gamma\left(a-\frac{1}{\beta}\right)}{\Gamma(a)} d\beta = \frac{L_l}{A_L} \\ \int_{\beta_1}^{\beta_2} \frac{\tau b^{\frac{1}{\beta}}}{\beta_2-\beta_1} \frac{\Gamma\left(a-\frac{1}{\beta}\right)}{\Gamma(a)} d\beta = \frac{L_h}{A_H} \end{cases}$$

依据最大熵方法，构建优化模型

$$\max H = -a\ln(b) + \ln(\Gamma(a)) + \frac{a(b-1)}{b} - \frac{(a-1)b^a}{\Gamma(a)}B$$

$$\text{s.t.} \begin{cases} \int_{\beta_1}^{\beta_2} \frac{\tau b^{\frac{1}{\beta}}}{\beta_2 - \beta_1} \frac{\Gamma\left(a - \frac{1}{\beta}\right)}{\Gamma(a)} \mathrm{d}\beta = \frac{L_l}{A_L} \\ \int_{\beta_1}^{\beta_2} \frac{\tau b^{\frac{1}{\beta}}}{\beta_2 - \beta_1} \frac{\Gamma\left(a - \frac{1}{\beta}\right)}{\Gamma(a)} \mathrm{d}\beta = \frac{L_h}{A_H} \end{cases}$$

通过相关优化算法计算得到超参数 a 和 b，再代入式（4.8），即可确定式（4.8）和式（4.15）中的验前分布。

对于 4.1 节中所述专家信息（5）的形式，即专家给定的剩余寿命点估计 L_0，考虑到在韦布尔分布分布场合，基于式（4.6）中剩余寿命的概率密度函数 $f_l(t;\lambda,\beta)$，可推得剩余寿命的期望为

$$\begin{aligned} E(L) &= \int_0^\infty t f_l(t;\lambda,\beta)\mathrm{d}t \\ &= \frac{\lambda^{-\frac{1}{\beta}}\Gamma\left(1 + \frac{1}{\beta}\right) - \lambda^{-\frac{1}{\beta}}\Gamma\left(1 + \frac{1}{\beta}\right)I_{\lambda\tau^\beta}\left(1 + \frac{1}{\beta}\right)}{\exp(-\lambda\tau^\beta)} - \tau \end{aligned} \quad (4.29)$$

式中：$I_{\lambda\tau^\beta}(g)$ 为式（4.27）中的不完全伽马函数。类似地，根据最大熵方法，有

$$\max H = -a\ln(b) + \ln(\Gamma(a)) + \frac{a(b-1)}{b} - \frac{(a-1)b^a}{\Gamma(a)}B$$

$$\text{s.t.} \int_{\beta_1}^{\beta_2} \int_0^\infty E(L)\pi(\lambda,\beta)\mathrm{d}\lambda\mathrm{d}\beta = L_0$$

可从中求得超参数 a 和 b，代入式（4.8），即可确定式（4.8）和式（4.15）中的验前分布。

对于 4.1 节中所述专家信息（6）的形式，即给定剩余寿命在置信水平 $(1-\alpha)$ 下的置信区间 $[\hat{L}_l, \hat{L}_h]$。由于 L_l 和 L_h 满足

$$F_L(L_l) = \frac{\alpha}{2}, \quad F_L(L_h) = 1 - \frac{\alpha}{2}$$

可化简求得

$$L_l = \left[\tau^\beta + \frac{1}{\lambda}\ln\left(1-\frac{\alpha}{2}\right)\right]^{\frac{1}{\beta}} - \tau$$
$$L_h = \left[\tau^\beta + \frac{1}{\lambda}\ln\frac{\alpha}{2}\right]^{\frac{1}{\beta}} - \tau \quad (4.30)$$

类似地,根据最大熵方法,构建优化模型:

$$\max H = -\int_0^1 \pi(R_\tau)\ln[\pi(R_\tau)]dR_\tau$$

$$\text{s.t} \begin{cases} \int_{\beta_1}^{\beta_2}\int_0^\infty L_L \pi(\lambda,\beta)d\lambda d\beta = \hat{L}_l \\ \int_{\beta_1}^{\beta_2}\int_0^\infty L_h \pi(\lambda,\beta)d\lambda d\beta = \hat{L}_h \end{cases}$$

其具体形式为

$$\max H = -a\ln(b) + \ln(\Gamma(a)) + \frac{a(b-1)}{b} - \frac{(a-1)b^a}{\Gamma(a)}B$$

$$\begin{cases} \int_{\beta_1}^{\beta_2}\int_0^\infty \left[\tau^\beta + \frac{1}{\lambda}\ln\left(1-\frac{\alpha}{2}\right)\right]^{\frac{1}{\beta}} \pi(\lambda,\beta)d\lambda d\beta = \hat{L}_l + \tau \\ \int_{\beta_1}^{\beta_2}\int_0^\infty \left[\tau^\beta + \frac{1}{\lambda}\ln\left(\frac{\alpha}{2}\right)\right]^{\frac{1}{\beta}} \pi(\lambda,\beta)d\lambda d\beta = \hat{L}_h + \tau \end{cases}$$

从中求得超参数 a 和 b,代入式 (4.8),即可确定式 (4.8) 和式 (4.15) 中的验前分布。

4.3 一致性检验

在利用贝叶斯方法融合不同类型的可靠性数据进行单机和平台的剩余寿命预测研究时,对不同类型的可靠性数据要进行一致性检验,从而保证两者是属于同一总体的。如果不同类型的可靠性数据不属于同一总体,融合所得的结果是不可信的。现有方法要求数据有一定的失效个数,这对于在轨平台的剩余寿命预测问题难以适用。考虑到按照 4.1 节的方法可以确定不同类型验前信息所确定的验前分布,故本书利用贝叶斯置信区间法开展一致性检验,其具体步骤如下。

(1) 由信息源 i 得到参数 θ 的验前分布为 $\pi_i(\theta)$,结合现场数据,得到参

数 θ 的验后分布 $\pi_i(\theta \mid D)$，则在显著性水平 α 下给出参数 θ 的置信区间为 $(\theta_1^{(i)}, \theta_2^{(i)})$。其中 $\theta_1^{(i)}$ 和 $\theta_2^{(i)}$ 为

$$\begin{cases} \int_{\theta < \theta_1^{(i)}} \pi_i(\theta \mid D) \mathrm{d}\theta = \dfrac{\alpha}{2} \\ \int_{\theta > \theta_2^{(i)}} \pi_i(\theta \mid D) \mathrm{d}\theta = \dfrac{\alpha}{2} \end{cases} \quad (4.31)$$

(2) 由现场数据 D 得到参数 θ 在无信息验前下的贝叶斯估计值 $\hat{\theta}$。

(3) 如果 $\hat{\theta} \in (\theta_1^{(i)}, \theta_2^{(i)})$，则认为信息源 i 与现场数据两个总体无显著性差异，一致性检验通过；否则检验不通过。

4.4 验前分布的综合

根据 4.1 节可依据的历史产品数据、在轨性能数据、相似产品数据和专家信息分别确定验前分布。为了便于后续单机剩余寿命的预测，需要将四个验前分布进行综合。取综合先验分布 $\pi(\lambda, \beta)$ 为各验前分布的线性加权：

$$\pi(\lambda, \beta) = \sum_{i=1}^{4} \varepsilon_i \pi_i(\lambda, \beta) \quad (4.32)$$

式中：ε_i 为验前分布 $\pi_i(\lambda, \beta)$ 的权重，且 $\sum_{i=1}^{4} \varepsilon_i = 1$。

对于权重 ε_i，其中 $i = 1, 2, 3, 4$，考虑基于验前信息本身可以降低权重赋值的主观性，此处采用第二类极大似然方法（ML-Ⅱ）进行确定。记现场数据为 $D = \{t_1^D, t_2^D, \cdots, t_r^D, t_{r+1}^D, t_{r+2}^D, \cdots, t_n^D\}$，其中 $\{t_1^D, t_2^D, \cdots, t_r^D\}$ 为失效寿命数据，$\{t_{r+1}^D, t_{r+2}^D, \cdots, t_n^D\}$ 为截尾寿命数据，n 表示样本容量。则现场数据的边缘似然函数为

$$L(D \mid \pi_i) = \prod_{j=1}^{r} f(t_j^D \mid \pi_i) \prod_{j=r+1}^{n} R(t_j^D \mid \pi_i) \quad (4.33)$$

其中：

$$f(t_j^D \mid \pi_i) = \int_\lambda \int_\beta f(t_j^D \mid \lambda, \beta) \pi_i(\lambda, \beta) \mathrm{d}\lambda \mathrm{d}\beta \quad (i = 1, 2, 3, 4) \quad (4.34)$$

$$R(t_j^D \mid \pi_i) = \int_\lambda \int_\beta R(t_j^D \mid \lambda, \beta) \pi_i(\lambda, \beta) \mathrm{d}\lambda \mathrm{d}\beta \quad (i = 1, 2, 3, 4) \quad (4.35)$$

考虑到 $L(D \mid \pi_i)$ 越大，验前信息的重要性就越高，为此定义权重 ε_i 为

$$\varepsilon_i = \frac{L(D \mid \pi_i)}{\sum_{k=1}^{4} L(D \mid \pi_k)} \quad (i=1,2,3,4) \tag{4.36}$$

利用式（4.36）确定验前分布的权重后，即可给出式（4.32）的综合验前分布。

4.5 验后分布的推导

根据贝叶斯理论的要求，在确定验前分布后，需进一步推导验后分布，并基于验后分布开展单机剩余寿命的预测。利用式（4.32）的综合验前分布，根据贝叶斯理论，推得验后分布为

$$\pi(\lambda,\beta \mid D) = \frac{\pi(\lambda,\beta) L(D)}{\int_\lambda \int_\beta \pi(\lambda,\beta) L(D) \mathrm{d}\lambda \mathrm{d}\beta} \tag{4.37}$$

进一步地，有

$$\pi(\lambda,\beta \mid D) = \frac{\sum_{i=1}^{4} \varepsilon_i \pi_i(\lambda,\beta) L(D)}{\int_\lambda \int_\beta \sum_{i=1}^{4} \varepsilon_i \pi_i(\lambda,\beta) L(D) \mathrm{d}\lambda \mathrm{d}\beta}$$

$$= \sum_{i=1}^{4} \frac{\varepsilon_i \int_\lambda \int_\beta \pi_i(\lambda,\beta) L(D) \mathrm{d}\lambda \mathrm{d}\beta}{\sum_{i=1}^{4} \int_\lambda \int_\beta \varepsilon_i \pi_i(\lambda,\beta) L(D) \mathrm{d}\lambda \mathrm{d}\beta} \frac{\pi_i(\lambda,\beta) L(D)}{\int_\lambda \int_\beta \pi_i(\lambda,\beta) L(D) \mathrm{d}\lambda \mathrm{d}\beta}$$

$$= \sum_{i=1}^{4} \frac{L(D \mid \pi_i) \int_\lambda \int_\beta \pi_i(\lambda,\beta) L(D) \mathrm{d}\lambda \mathrm{d}\beta}{\sum_{i=1}^{4} L(D \mid \pi_i) \int_\lambda \int_\beta \pi_i(\lambda,\beta) L(D) \mathrm{d}\lambda \mathrm{d}\beta} \cdot \pi_i(\lambda,\beta \mid D) \tag{4.38}$$

令

$$w_i = \frac{L(D \mid \pi_i) \int_\lambda \int_\beta \pi_i(\lambda,\beta) L(D) \mathrm{d}\lambda \mathrm{d}\beta}{\sum_{i=1}^{4} L(D \mid \pi_i) \int_\lambda \int_\beta \pi_i(\lambda,\beta) L(D) \mathrm{d}\lambda \mathrm{d}\beta} \tag{4.39}$$

则有

$$\pi(\lambda,\beta \mid D) = \sum_{i=1}^{4} w_i \pi_i(\lambda,\beta \mid D) \tag{4.40}$$

式中：$\pi_i(\lambda,\beta\mid D)$ 为验前分布 $\pi_i(\lambda,\beta)$ 对应的验后分布。

由式（4.40）可知，联合验后分布实质上等同于各个验前分布对应验后分布的线性加权，其中验后分布的权重如式（4.39）所示。接下来，针对确定的四种验前分布，分别求解对应的后验分布。

4.5.1 历史产品数据对应的验后分布

对于历史产品数据 $D_H=\{t_1^H,t_2^H,\cdots,t_d^H,t_{d+1}^H,\cdots,t_p^H\}$，由于现场数据 $D=\{t_1^D,t_2^D,\cdots,t_r^D,t_{r+1}^D,\cdots,t_n^D\}$ 的似然函数为

$$L(D\mid\lambda,\beta)=\lambda^r\beta^r M^{\beta-1}\exp(-\lambda N^{(\beta)}) \tag{4.41}$$

其中，$M=\prod_{i=1}^{r}t_j^D$，$N^{(\beta)}=\sum_{i=1}^{n}(t_j^D)^\beta$，故有

$$\begin{aligned}
&\int_\lambda\!\!\int_\beta \pi_1(\lambda,\beta)L(D\mid\lambda,\beta)\,\mathrm{d}\lambda\,\mathrm{d}\beta\\
&=\int_{\beta_1}^{\beta_2}\!\!\left(\int_0^\infty \pi(\lambda,\beta)\cdot\lambda^r\beta^r M^{\beta-1}\exp(-\lambda N^{(\beta)})\,\mathrm{d}\lambda\right)\mathrm{d}\beta\\
&=\dfrac{\displaystyle\int_{\beta_1}^{\beta_2}\!\!\left(\int_0^\infty \tau^{a\beta}\beta^{d+r}(E^H M)^{\beta-1}\lambda^{d+a+r-1}\exp[-\lambda(F^{H(\beta)}+N^{(\beta)}+b\tau^\beta)]\,\mathrm{d}\lambda\right)\mathrm{d}\beta}{\displaystyle\int_{\beta_1}^{\beta_2}\tau^{a\beta}\beta^d(E^H)^{\beta-1}\dfrac{\Gamma(d+a)}{(F^{H(\beta)}+b\tau^\beta)^{d+a}}\mathrm{d}\beta}\\
&=\dfrac{\displaystyle\int_{\beta_1}^{\beta_2}\!\!\left(\tau^{a\beta}\beta^{d+r}(E^H M)^{\beta-1}\dfrac{\Gamma(d+r+a)}{(F^{H(\beta)}+N^{(\beta)}+b\tau^\beta)^{d+r+a}}\right)\mathrm{d}\beta}{\displaystyle\int_{\beta_1}^{\beta_2}\tau^{a\beta}\beta^d(E^H)^{\beta-1}\dfrac{\Gamma(d+a)}{(F^{H(\beta)}+b\tau^\beta)^{d+a}}\mathrm{d}\beta}
\end{aligned} \tag{4.42}$$

其中，$E^H=\prod_{i=1}^{d}t_i^H$，$F^{H(\beta)}=\sum_{i=1}^{p}(t_i^H)^\beta$，$a=\begin{cases}0 & (d\neq 0)\\ 1/2 & (d=0)\end{cases}$，$b=0$。推得历史产品数据对应的验后分布为

$\pi_1(\lambda,\beta\mid D)$

$$=\dfrac{\dfrac{\tau^{a\beta}\beta^d(E^H)^{\beta-1}\lambda^{d+a-1}\exp[-\lambda(F^{H(\beta)}+b\tau^\beta)]}{\displaystyle\int_{\beta_1}^{\beta_2}\tau^{a\beta}\beta^d(E^H)^{\beta-1}\dfrac{\Gamma(d+a)}{(F^{H(\beta)}+b\tau^\beta)^{d+a}}\mathrm{d}\beta}\lambda^r\beta^r M^{\beta-1}\exp(-\lambda N^{(\beta)})}{\displaystyle\int_{\beta_1}^{\beta_2}\!\!\int_0^\infty\dfrac{\tau^{a\beta}\beta^d(E^H)^{\beta-1}\lambda^{d+a-1}\exp[-\lambda(F^{H(\beta)}+b\tau^\beta)]}{\displaystyle\int_{\beta_1}^{\beta_2}\tau^{a\beta}\beta^d(E^H)^{\beta-1}\dfrac{\Gamma(d+a)}{(F^{H(\beta)}+b\tau^\beta)^{d+a}}\mathrm{d}\beta}\lambda^r\beta^r M^{\beta-1}\exp(-\lambda N^{(\beta)})\,\mathrm{d}\lambda\,\mathrm{d}\beta}$$

$$= \frac{\tau^{a\beta}\beta^d(E^H)^{\beta-1}\lambda^{d+a-1}\exp[-\lambda(F^{H(\beta)}+b\tau^\beta)]\lambda^r\beta^r M^{\beta-1}\exp(-\lambda N^{(\beta)})}{\int_{\beta_1}^{\beta_2}\int_0^\infty \tau^{a\beta}\beta^d(E^H)^{\beta-1}\lambda^{d+a-1}\exp[-\lambda(F^{H(\beta)}+b\tau^\beta)]\lambda^r\beta^r M^{\beta-1}\exp(-\lambda N^{(\beta)})\mathrm{d}\lambda\mathrm{d}\beta}$$

$$= \frac{\tau^{a\beta}\beta^{d+r}(E^H M)^{\beta-1}\lambda^{d+r+a-1}\exp[-\lambda(F^{H(\beta)}+N^{(\beta)}+b\tau^\beta)]}{\int_{\beta_1}^{\beta_2}\int_0^\infty \tau^{a\beta}\beta^{d+r}(E^H M)^{\beta-1}\lambda^{k+r+a-1}\exp[-\lambda(F^{H(\beta)}+N^{(\beta)}+b\tau^\beta)]\mathrm{d}\lambda\mathrm{d}\beta}$$

$$= \frac{\tau^{a\beta}\beta^{d+r}(E^H M)^{\beta-1}\lambda^{d+r+a-1}\exp[-\lambda(F^{(\beta)}+N^{(\beta)}+b\tau^\beta)]}{\int_{\beta_1}^{\beta_2}\tau^{a\beta}\beta^{d+r}(E^H M)^{\beta-1}\dfrac{\Gamma(d+r+a)}{(F^{(\beta)}+N^{(\beta)}+b\tau^\beta)^{d+r+a}}\mathrm{d}\beta} \tag{4.43}$$

再考虑求解该验后分布对应式（4.39）中的权重 w_1，其关键是边缘似然函数 $L(D|\pi_1)$。根据式（4.33），对于现场数据 $D=\{t_1^D,\cdots,t_r^D,t_{r+1}^D,\cdots,t_n^D\}$ 中的失效数据 t_j^D，其中 $j\leq r$，需根据式（4.34）确定 $f(t_j^D|\pi_1)$；对于截尾数据 t_j^D，其中 $j>r$，需根据式（4.35）确定 $R(t_j^D|\pi_1)$，可推得：

$$f(t_j^D|\pi_1) = \int_{\beta_1}^{\beta_2}\int_0^\infty f(t_j^D)\pi(\lambda,\beta)\mathrm{d}\lambda\mathrm{d}\beta$$

$$= \frac{\int_{\beta_1}^{\beta_2}\tau^{a\beta}(t_j^D)^{\beta-1}\beta^{d+1}E^{\beta-1}(d+a)[F^{(\beta)}+(t_j^D)^\beta+b\tau^\beta]^{-(d+a+1)}\mathrm{d}\beta}{\int_{\beta_1}^{\beta_2}\tau^{a\beta}\beta^d E^{\beta-1}(F^{(\beta)}+b\tau^\beta)^{-(d+a)}\mathrm{d}\beta}$$

$$\tag{4.44}$$

和

$$R(t_j^D|\pi_1) = \int_{\beta_1}^{\beta_2}\int_0^\infty \exp[-\lambda(t_j^D)^\beta]\cdot\pi(\lambda,\beta)\mathrm{d}\lambda\mathrm{d}\beta$$

$$= \frac{\int_{\beta_1}^{\beta_2}\tau^{a\beta}\beta^d E^{\beta-1}(F^{(\beta)}+(t_j^D)^\beta+b\tau^\beta)^{-(d+a)}\mathrm{d}\beta}{\int_{\beta_1}^{\beta_2}\tau^{a\beta}\beta^d E^{\beta-1}(F^{(\beta)}+b\tau^\beta)^{-(d+a)}\mathrm{d}\beta} \tag{4.45}$$

则边缘似然函数为

$$L(D|\pi_1) = \prod_{j=1}^{r}f(t_j^D|\pi_1)\prod_{j=r+1}^{n}R(t_j^D|\pi_1) \tag{4.46}$$

4.5.2 在轨性能数据对应的验后分布

假设通过在轨性能数据得到的寿命预测结果为 $D_G=\{t_1^G,t_2^G,\cdots,t_l^G\}$，类似于历史产品数据确定的验后分布，其边缘似然函数为

$$L(D|\pi_2) = \prod_{j=1}^{r}f(t_j^D|\pi_2)\prod_{j=r+1}^{n}R(t_j^D|\pi_2) \tag{4.47}$$

其中，$f(t_j^d|\pi_2)$ 见式 (4.44)，$R(t_j^d|\pi_2)$ 见式 (4.45)。类似地，结合式 (4.41) 中的似然函数 $L(D|\lambda,\beta)$，可得

$$\int_\lambda \int_\beta \pi_2(\lambda,\beta) L(D|\lambda,\beta) \mathrm{d}\lambda \mathrm{d}\beta$$

$$= \frac{\int_{\beta_1}^{\beta_2} \left(\tau^{\alpha\beta} \beta^{l+r} (E^G M)^{\beta-1} \dfrac{\Gamma(l+r+a)}{(F^{G(\beta)} + N^{(\beta)} + b\tau^\beta)^{l+r+a}} \right) \mathrm{d}\beta}{\int_{\beta_1}^{\beta_2} \tau^{\alpha\beta} \beta^l (E^G)^{\beta-1} \dfrac{\Gamma(l+a)}{(F^{G(\beta)} + b\tau^\beta)^{l+a}} \mathrm{d}\beta} \quad (4.48)$$

则在轨性能数据对应的验后分布为

$$\pi_2(\lambda,\beta|D) = \frac{\tau^{\alpha\beta} \beta^l (E^G)^{\beta-1} \lambda^{l+a-1} \exp[-\lambda(F^{G(\beta)} + b\tau^\beta)]}{\int_{\beta_1}^{\beta_2} \tau^{\alpha\beta} \beta^l (E^G)^{\beta-1} \dfrac{\Gamma(l+a)}{(F^{G(\beta)} + b\tau^\beta)^{l+a}} \mathrm{d}\beta} \quad (4.49)$$

式中：$b=0$；l 为 D_d 的样本量；r 为现场数据的失效数；$a = \begin{cases} 0 & (d \neq 0) \\ 0.5 & (d=0) \end{cases}$；

$E^G = \prod_{i=1}^l t_i^G$；$F^{G(\beta)} = \sum_{i=1}^l (t_i^G)^\beta$；$M = \prod_{i=1}^r t_i$；$N^{(\beta)} = \sum_{i=1}^n t_i^\beta$。

4.5.3 相似产品数据对应的验后分布

相似产品数据记为 $D_S = \{t_1^S, t_2^S, \cdots, t_k^S, t_{k+1}^S, \cdots, t_m^S\}$，结合式 (4.41) 中的似然函数，可得相似产品数据对应的验后分布为

$$\pi_3(\lambda,\beta|D)$$

$$= \frac{L(D)[\rho\pi_{31}(\lambda,\beta) + (1-\rho)\pi_{32}(\lambda,\beta)]}{\iint_\Theta L(D)[\rho\pi_{31}(\lambda,\beta) + (1-\rho)\pi_{32}(\lambda,\beta)] \mathrm{d}\lambda \mathrm{d}\beta}$$

$$= \frac{p_1}{p_1 + p_2} \pi_{31}(\lambda,\beta|D) + \frac{p_1}{p_1 + p_2} \pi_{32}(\lambda,\beta|D) \quad (4.50)$$

式中：$\pi_{31}(\lambda,\beta|D)$ 和 $\pi_{32}(\lambda,\beta|D)$ 分别为继承验前 $\pi_{31}(\lambda,\beta)$ 和更新验前 $\pi_{32}(\lambda,\beta)$ 对应的验后分布。

$$p_1 = \rho \int_\lambda \int_\beta L(D|\lambda,\beta) \pi_{31}(\lambda,\beta) \mathrm{d}\lambda \mathrm{d}\beta$$

$$= \frac{\int_{\beta_1}^{\beta_2} \left(\tau^{a_1\beta} \beta^{k+r} (UM)^{\beta-1} \dfrac{\Gamma(k+r+a_1)}{(V^{(\beta)} + N^{(\beta)} + b_1\tau^\beta)^{k+r+a_1}} \right) \mathrm{d}\beta}{\int_{\beta_1}^{\beta_2} \tau^{a_1\beta} \beta^k U^{\beta-1} \dfrac{\Gamma(k+a_1)}{(V^{(\beta)} + b_1\tau^\beta)^{k+a_1}} \mathrm{d}\beta}$$

$$p_2 = (1-\rho)\int_\lambda\int_\beta L(D|\lambda,\beta)\pi_{32}(\lambda,\beta)\mathrm{d}\lambda\mathrm{d}\beta$$

$$= \frac{1-\rho}{\beta_2-\beta_1}\frac{\Gamma(r+a_2)}{\Gamma(a_2)}\int_{\beta_1}^{\beta_2}\frac{(b_2\tau^\beta)^{a_2}\cdot\beta^r M^{\beta-1}}{(N^{(\beta)}+b\tau^\beta)^{r+a_2}}\mathrm{d}\beta$$

类似地，对于权重 π_3，先考虑边缘似然函数 $L(D|\pi_3)$。对于现场数据中的失效数据 t_j^D，其中 $j \leq r$，可得

$$f(t_j^D|\pi_3) = \int_\beta\int_\lambda f(t_j^D|\lambda,\beta)[\rho\pi_{31}(\lambda,\beta)+(1-\rho)\pi_{32}(\lambda,\beta)]\mathrm{d}\lambda\mathrm{d}\beta$$

$$= \rho f(t_j^D|\pi_{31}) + (1-\rho)f(t_j^D|\pi_{32}) \tag{4.51}$$

式中：$\pi_{31}(\lambda,\beta)$ 为继承验前；$\pi_{32}(\lambda,\beta)$ 为更新验前。

$$f(t_j^D|\pi_{31}) = \frac{\int_{\beta_1}^{\beta_2}\tau^{a_1\beta}(t_j^D)^{\beta-1}\beta^{k+1}U^{\beta-1}(k+a_1)[V^{(\beta)}+(t_j^D)^\beta+b_1\tau^\beta]^{-(k+a_1+1)}\mathrm{d}\beta}{\int_{\beta_1}^{\beta_2}\tau^{a_1\beta}\beta^k U^{\beta-1}(V^{(\beta)}+b_1\tau^\beta)^{-(k+a_1)}\mathrm{d}\beta}$$

$$f(t_j^D|\pi_{32}) = \frac{1}{\beta_2-\beta_1}\int_{\beta_1}^{\beta_2}a_2(t_j^D)^{\beta-1}\beta\frac{(b_2\tau^\beta)^{a_2}}{(b_2\tau^\beta+(t_j^D)^\beta)^{a_2+1}}\mathrm{d}\beta$$

对于截尾数据 t_j^D，其中 $j>r$，可得：

$$R(t_j^D|\pi_3) = \iint_{\lambda,\beta}R(t_j^D|\lambda,\beta)[\rho\pi_{31}+(1-\rho)\pi_{32}]\mathrm{d}\lambda\mathrm{d}\beta$$

$$= \rho R(t_j^D|\pi_{31}) + (1-\rho)R(t_j^D|\pi_{32}) \tag{4.52}$$

其中

$$R(t_j^D|\pi_{31}) = \frac{\int_{\beta_1}^{\beta_2}\tau^{a_1\beta}\beta^k U^{\beta-1}(V^{(\beta)}+(t_j^D)^\beta+b_1\tau^\beta)^{-(k+a_1)}\mathrm{d}\beta}{\int_{\beta_1}^{\beta_2}\tau^{a_1\beta}\beta^k U^{\beta-1}(V^{(\beta)}+b_1\tau^\beta)^{-(k+a_1)}\mathrm{d}\beta}$$

$$R(t_j^D|\pi_{32}) = \frac{1}{\beta_2-\beta_1}\int_{\beta_1}^{\beta_2}\frac{(b_2\tau^\beta)^{a_2}}{(b_2\tau^\beta+(t_j^D)^\beta)^{a_2}}\mathrm{d}\beta$$

于是相应的边缘似然函数为

$$L(D|\pi_3) = \prod_{j=1}^r f(t_j^D|\pi_3)\prod_{j=r+1}^n R(t_j^D|\pi_3) \tag{4.53}$$

4.5.4 专家信息对应的验后分布

针对专家信息，结合式（4.15）中的验前分布 $\pi_4(\lambda,\beta)$，以及式（4.41）中的似然函数，可得：

$$\int_\lambda \int_\beta \pi_4(\lambda,\beta) L(D|\lambda,\beta) d\lambda d\beta$$

$$= \int_{\beta_1}^{\beta_2} \left(\int_0^\infty \frac{1}{\beta_2-\beta_1} \frac{(b\tau^\beta)^a}{\Gamma(a)} \lambda^{a-1} \exp(-b\tau^\beta \lambda) \cdot \lambda^r \beta^r M^{\beta-1} \exp(-\lambda N^{(\beta)}) d\lambda \right) d\beta$$

$$= \frac{1}{\beta_2-\beta_1} \frac{1}{\Gamma(a)} \int_{\beta_1}^{\beta_2} \left(\int_0^\infty (b\tau^\beta)^a \beta^r M^{\beta-1} \lambda^{a+r-1} \exp(-\lambda(b\tau^\beta+N^{(\beta)})) d\lambda \right) d\beta$$

$$= \frac{1}{\beta_2-\beta_1} \frac{\Gamma(a+r)}{\Gamma(a)} \int_{\beta_1}^{\beta_2} \frac{(b\tau^\beta)^a \beta^r M^{\beta-1}}{(b\tau^\beta+N^{(\beta)})^{a+r}} d\beta \tag{4.54}$$

其中，$M = \prod_{i=1}^{r} t_j^D$，$N^{(\beta)} = \sum_{i=1}^{n} (t_j^D)^\beta$。于是可得专家信息对应的验后分布为

$\pi_4(\lambda,\beta|D)$

$$= \frac{\dfrac{1}{\beta_2-\beta_1} \dfrac{(b\tau^\beta)^a}{\Gamma(a)} \lambda^{a-1} \exp(-b\tau^\beta \lambda) \cdot \lambda^r \beta^r M^{\beta-1} \exp(-\lambda N^{(\beta)})}{\int_{\beta_1}^{\beta_2} \left(\int_0^\infty \dfrac{1}{\beta_2-\beta_1} \dfrac{(b\tau^\beta)^a}{\Gamma(a)} \lambda^{a-1} \exp(-b\tau^\beta \lambda) \cdot \lambda^r \beta^r M^{\beta-1} \exp(-\lambda N^{(\beta)}) d\lambda \right) d\beta}$$

$$= \frac{(b\tau^\beta)^a \beta^r M^{\beta-1} \lambda^{a+r-1} \exp(-\lambda(b\tau^\beta+N^{(\beta)}))}{\int_{\beta_1}^{\beta_2} \left(\int_0^\infty (b\tau^\beta)^a \beta^r M^{\beta-1} \lambda^{a+r-1} \exp(-\lambda(b\tau^\beta+N^{(\beta)})) d\lambda \right) d\beta}$$

$$= \frac{(b\tau^\beta)^a \beta^r M^{\beta-1} \lambda^{a+r-1} \exp(-\lambda(b\tau^\beta+N^{(\beta)}))}{\int_{\beta_1}^{\beta_2} (b\tau^\beta)^a \beta^r M^{\beta-1} \dfrac{\Gamma(a+r)}{(b\tau^\beta+N^{(\beta)})^{a+r}} d\beta} \tag{4.55}$$

其中，$M = \prod_{i=1}^{r} t_j^D$，$N^{(\beta)} = \sum_{i=1}^{n} (t_j^D)^\beta$。

对于边缘似然函数 $L(D|\pi_4)$，利用式（4.15）中的验前分布 $\pi_4(\lambda,\beta)$，失效数据 t_j^D 的边缘概率密度函数为

$f(t_j^D|\pi_4)$

$$= \frac{1}{\beta_2-\beta_1} \int_{\beta_1}^{\beta_2} \int_0^\infty \lambda\beta (t_j^D)^{\beta-1} \exp[-\lambda(t_j^D)^\beta] \cdot \frac{(b\tau^\beta)^a}{\Gamma(a)} \lambda^{a-1} \exp(-b\tau^\beta \lambda) d\lambda d\beta$$

$$= \frac{1}{\beta_2-\beta_1} \int_{\beta_1}^{\beta_2} \beta (t_j^D)^{\beta-1} \cdot \frac{(b\tau^\beta)^a}{\Gamma(a)} \frac{\Gamma(a+1)}{(b\tau^\beta+t_j^\beta)^{a+1}} d\beta$$

$$= \frac{1}{\beta_2-\beta_1} \int_{\beta_1}^{\beta_2} a(t_j^D)^{\beta-1} \beta \frac{(b\tau^\beta)^a}{(b\tau^\beta+(t_j^D)^\beta)^{a+1}} d\beta \tag{4.56}$$

其中 $j>r$，截尾数据 t_j^D 的边缘可靠度为

$$R(t_j^D \mid \pi_4)$$

$$= \frac{1}{\beta_2 - \beta_1} \int_{\beta_1}^{\beta_2} \int_0^\infty \exp[-\lambda(t_j^D)^\beta] \frac{(b\tau^\beta)^a}{\Gamma(a)} \lambda^{a-1} \exp(-b\tau^\beta \lambda) \mathrm{d}\lambda \mathrm{d}\beta$$

$$= \frac{1}{\beta_2 - \beta_1} \int_{\beta_1}^{\beta_2} \int_0^\infty \frac{(b\tau^\beta)^a}{\Gamma(a)} \frac{\Gamma(a)}{(b\tau^\beta + (t_j^D)^\beta)^a} \frac{[b\tau^\beta + (t_j^D)^\beta]^a}{\Gamma(a)} \lambda^{a-1} \exp(-(b\tau^\beta + (t_j^D)^\beta)\lambda) \mathrm{d}\lambda \mathrm{d}\beta$$

$$= \frac{1}{\beta_2 - \beta_1} \int_{\beta_1}^{\beta_2} \frac{(b\tau^\beta)^a}{[b\tau^\beta + (t_j^D)^\beta]^a} \mathrm{d}\beta \tag{4.57}$$

其中 $j > r$，于是可得边缘似然函数为

$$L(D \mid \pi_4) = \prod_{j=1}^{r} f(t_j^D \mid \pi_4) \prod_{j=r+1}^{n} R(t_j^D \mid \pi_4) \tag{4.58}$$

4.6 单机剩余寿命预测

在求得分布参数验后分布 $\pi(\lambda, \beta \mid D)$ 后，在平方损失函数下，剩余寿命的贝叶斯点估计为

$$\mu_l = \int_t \int_\lambda \int_\beta t f_l(t; \lambda, \beta) \pi(\lambda, \beta \mid D) \mathrm{d}\lambda \mathrm{d}\beta \mathrm{d}t$$

$$= \int_\lambda \int_\beta \int_t t f_l(t; \lambda, \beta) \mathrm{d}t \sum_{i=1}^{4} w_i \pi_i(\lambda, \beta \mid D) \mathrm{d}\lambda \mathrm{d}\beta$$

$$= \sum_{i=1}^{4} w_i \int_\lambda \int_\beta \int_t t f_l(t; \lambda, \beta) \mathrm{d}t \pi_i(\lambda, \beta \mid D) \mathrm{d}\lambda \mathrm{d}\beta$$

式中：$f_l(t; \lambda, \beta)$ 为式（4.6）中剩余寿命的概率密度函数；$\pi_i(\lambda, \beta \mid D)$ 为验前信息 i 对应的验后分布，其中 $i = 1,2,3,4$。进一步根据式（4.29）中剩余寿命的期望 $L(\lambda, \beta)$，可将其化简为

$$\mu_l = \sum_{i=1}^{4} w_i \int_\lambda \int_\beta L(\lambda, \beta) \pi_i(\lambda, \beta \mid D) \mathrm{d}\lambda \mathrm{d}\beta \tag{4.59}$$

由式（4.59）可知，根据综合验后分布计算得到的剩余寿命点估计实际上等同于各个验后分布 $\pi_i(\lambda, \beta \mid D)$ 计算得到的剩余寿命点估计的加权值，其中 $i = 1,2,3,4$。因此，只要依次计算得到验后分布 $\pi_i(\lambda, \beta \mid D)$ 对应的剩余寿命点估计，再结合式（4.39）中的权重，就能得到基于多源信息融合后的单机剩余寿命点估计，其中 $i = 1,2,3,4$。这一结论将极大简化了基于多源信息融合的单机剩余寿命预测求解。类似地，对于剩余寿命区间估计也具有上述性

质。记基于多源信息融合所预测的单机剩余寿命在置信水平$(1-\alpha)$下的置信区间为$[\mu_L,\mu_H]$，μ_L和μ_H满足：

$$\begin{cases} \mu_L = \sum_{i=1}^{4} w_i \int_\lambda \int_\beta L_l(\alpha,\lambda,\beta) \pi_i(\lambda,\beta \mid D) \mathrm{d}\lambda \mathrm{d}\beta \\ \mu_H = \sum_{i=1}^{4} w_i \int_\lambda \int_\beta L_h(\alpha,\lambda,\beta) \pi_i(\lambda,\beta \mid D) \mathrm{d}\lambda \mathrm{d}\beta \end{cases} \quad (4.60)$$

其中，$L_l(\alpha,\lambda,\beta)$和$L_h(\alpha,\lambda,\beta)$见式（4.30）。

对于式（4.59）和式（4.60）中融合多源信息后单机剩余寿命预测的点估计和置信区间的计算，由于验后分布的复杂性，本书采用基于抽样的近似计算方法，其核心是蒙特卡罗仿真思想，即假设$g(\theta)$是关于未知参数θ的函数，θ的验后分布为$\pi(\theta \mid D)$，若从验后分布中抽样产生$\theta_1,\theta_2,\cdots,\theta_s$，则有

$$\int g(\theta) \pi(\theta \mid D) \mathrm{d}\theta \approx \frac{1}{s} \sum_{j=1}^{s} g(\theta_i) \quad (4.61)$$

具体到该问题中，可通过对验后分布$\pi_i(\lambda,\beta \mid D)$进行抽样，获得大量$\lambda$和$\beta$的验后样本，再结合函数$L(\lambda,\beta)$、$L_l(\alpha,\lambda,\beta)$和$L_h(\alpha,\lambda,\beta)$取均值，即可给出剩余寿命点估计和置信区间的近似计算结果，其中$i=1,2,3,4$。利用这一思想，根据常用的蒙特卡罗马尔可夫（MCMC）抽样算法，给出具体计算步骤如下。

算法4.1：

> 给定验后分布$\pi_i(\lambda,\beta \mid D)$，以及仿真抽样次数$S$，其中$i=1,2,3,4$：
> 1. 令$j=1$；
> 2. 基于验后分布$\pi_i(\lambda,\beta \mid D)$，抽取分布参数$\lambda$和$\beta$的样本值$\lambda_{ij}$和$\beta_{ij}$；
> 3. 将样本λ_{ij}和β_{ij}代入式（4.29）中的函数$L(\lambda,\beta)$以及式（4.30）中的函数$L_l(\alpha,\lambda,\beta)$和$L_h(\alpha,\lambda,\beta)$，算得估计值$L_{ij}$，$L_l^{ij}$和$L_h^{ij}$，并令$j=j+1$；
> 4. 重复步骤2和步骤3直到$j=S$。

通过收集到的样本L_{ij}，L_l^{ij}和L_h^{ij}，其中$i=1,2,3,4$，$j=1,2,\cdots,S$，可得剩余寿命的贝叶斯点估计和置信区间为

$$\hat{\mu}_l = \frac{1}{S-M} \sum_{i=1}^{4} w_i \sum_{j=M+1}^{S} L_{ij} \quad (4.62)$$

$$\hat{\mu}_L = \frac{1}{S-M} \sum_{i=1}^{4} w_i \sum_{j=M+1}^{S} L_l^{ij} \quad (4.63)$$

$$\hat{\mu}_H = \frac{1}{S-M}\sum_{i=1}^{4} w_i \sum_{j=M+1}^{S} L_h^{ij} \qquad (4.64)$$

其中舍弃前 M 个抽样数据以保证抽样的稳定性。

关于算法 4.1 中第二步所要求的基于验后分布 $\pi_i(\lambda,\beta|D)$ 抽取样本 λ_{ij} 和 β_{ij}，其中 $i=1,2,3,4$，可根据 MCMC 算法，结合验后分布 $\pi_i(\lambda,\beta|D)$ 的性质具体开展。以基于专家信息确定的验后分布 $\pi_4(\lambda,\beta|D)$ 为例进行说明。根据式（4.55），可将验后分布 $\pi_4(\lambda,\beta|D)$ 拆分为

$$\pi_4(\lambda,\beta|D) \propto \pi_4(\lambda|\beta,D)\pi_4(\beta|D) \qquad (4.65)$$

其中

$$\pi_4(\beta|D) = \frac{\tau^{a\beta}\beta^r M^{\beta-1}}{(N^{(\beta)}+b\tau^\beta)^{r+a}} \qquad (4.66)$$

$$\pi_4(\lambda|\beta,D) = \Gamma(\lambda; a + \sum_{i=1}^{n}\delta_i, N^{(\beta)} + b) \qquad (4.67)$$

式（4.65）表明可利用吉布斯算法先抽取样本 β，再抽取样本 λ。进一步，根据式（4.66），利用 MH 算法抽取样本 β，再利用抽取的样本 β，根据式（4.67）中的伽马分布抽取样本 λ。

4.7 仿真实验

为验证本章提出方法的准确性，在不同参数设置下，对比分析本章所提出的方法与极大似然方法。假设某单机服从韦布尔分布，分布参数 (λ,β) 依次设定为 $(1\times10^{-12},4)$，$(4\times10^{-12},4)$ 和 $(1\times10^{-9},3)$，并预测 $\tau=100$ 时刻处的剩余寿命。同时，现场数据的样本量 n 依次设定为 3、5 和 10。对于验前信息，假设历史产品数据，相似产品数据和在轨性能数据样本量均为 5，其中相似产品的相似因子均为 1，而专家数据为 τ 时刻可靠度的真值。在明确上述实验参数设置后，按照以下步骤开展仿真实验。

（1）根据给定的韦布尔分布参数 (λ,β) 以及各类数据的样本量，仿真生成历史产品数据，相似产品数据、在轨性能数据以及现场寿命数据。

（2）计算 τ 时刻的可靠度作为专家数据。

（3）根据本章所提出的方法，分别利用式（4.62）、式（4.63）和式（4.64）计算得到融合多源信息后该单机剩余寿命的点估计和 90%置信水平下的置信区间估计。

（4）利用现场寿命数据，计算分布参数的极大似然估计[136]（MLE），再将其代入式（4.29）中替换其中未知的分布参数，可得单机剩余寿命的极大似然点估计，类似地将分布参数的极大似然估计代入式（4.30），可得基于极大似然的单机剩余寿命置信区间。

（5）重复上述步骤1000次，比较两种不同方法所得结果相比于真值的偏差（bias）、绝对偏差（abias）、均方误差（MSE）、置信区间的平均长度（AIW）以及置信区间覆盖率（CP）。

实验后所得结果如表4-1所示，通过分析其中结果，可以得到如表4-1所示的结论。

表4-1 基于多源信息融合的方法所得单机剩余寿命预测结果与极大似然法的对比

参数值	n	方法	bias	abias	MSE	AIW	CP
$\lambda=10^{-12}$ $\beta=4$	3	Bayes	−13.8528	63.7649	8.0259×10^3	758.0509	78%
		MLE	−8.2697	118.4194	2.4609×10^4	585.8461	56%
	5	Bayes	3.3313	61.3550	5.9125×10^3	763.0197	84%
		MLE	0.6546	91.4513	1.1905×10^4	691.3255	78%
	10	Bayes	2.1605	52.6364	4.1617×10^3	790.9004	84%
		MLE	−2.6924	67.1560	6.6574×10^4	785.8186	85%
$\lambda=4\times10^{-12}$ $\beta=4$	3	Bayes	−5.4762	48.3717	3.5732×10^3	532.6593	87%
		MLE	−4.0759	79.1565	1.0078×10^4	435.2749	68%
	5	Bayes	2.3483	46.8477	3.3155×10^3	540.9313	85%
		MLE	6.4974	72.8083	8.0732×10^3	467.5242	75%
	10	Bayes	−6.4593	34.8053	1.9305×10^3	545.0474	84%
		MLE	−7.1958	43.9660	3.0998×10^3	531.5431	82%
$\lambda=10^{-9}$ $\beta=3$	3	Bayes	20.1629	81.7670	1.2241×10^4	954.3144	84%
		MLE	20.6672	139.9031	2.9894×10^4	814.4474	70%
	5	Bayes	3.0714	74.1299	8.6533×10^3	920.0188	79%
		MLE	−3.0094	103.3684	1.7659×10^4	843.3353	72%
	10	Bayes	1.9865	68.2072	7.2555×10^3	974.8801	87%
		MLE	−14.7941	81.7395	1.0272×10^4	971.6330	86%
$\lambda=4\times10^{-9}$ $\beta=3$	3	Bayes	7.8855	57.8236	5.5252×10^3	582.5685	84%
		MLE	12.1589	91.4820	1.2810×10^4	461.0699	78%

续表

参数值	n	方法	bias	abias	MSE	AIW	CP
$\lambda=4\times10^{-9}$ $\beta=3$	5	Bayes	4.7653	47.3458	3.3424×10^3	575.5257	57%
		MLE	5.3717	64.3040	6.3913×10^3	526.0403	67%
	10	Bayes	2.4175	47.2118	3.4227×10^3	611.4312	77%
		MLE	−7.5584	56.4004	4.8150×10^3	607.2942	75%

（1）现场数据样本大小对两种方法所得结果的精度均会产生明显影响。在通常情况下，样本量越大，预测结果越精确。同时，当样本量较小时，无论是点估计和区间估计，基于多源信息融合的方法所得结果的精度均明显优于极大似然方法的。

（2）对于点估计，基于多源信息融合的方法所得结果的绝对偏差和均方误差均明显低于极大似然方法。另外，在大部分场合下，基于多源信息融合的方法所得结果的偏差仍然小于极大似然方法。因此，基于多源信息融合的方法所得点估计的精度更高。

（3）对于区间估计，相较于极大似然方法，基于多源信息融合的方法所得结果的覆盖率更贴近置信水平 90%，但在小样本下，极大似然方法所得的区间估计精度较低。这表明基于多源信息融合的方法在区间估计上表现更好，精度更高。

综上，通过充分利用和融合多源信息，能够显著提高单机剩余寿命点估计和区间估计的精度。

4.8 算例分析

本节针对 3.4 节中某型号卫星平台的动量轮单机，除在轨性能数据外，再补充专家数据、在轨寿命数据和地面试验数据后，开展基于多源信息融合的单机剩余寿命预测分析。

4.8.1 数据情况

（1）专家判断信息：该型号动量轮工作 5 年的可靠度预计值为 0.99。

（2）在轨寿命数据：该型号动量轮的在轨寿命数据如图 4-1 所示，数据与卫星和单机编号的关系如表 4-2 所示，其中所有单机都未失效。

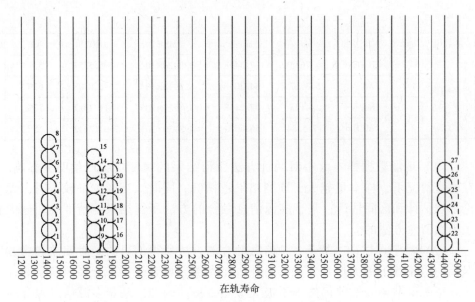

图 4-1 动量轮在轨寿命数据（单位：h）

表 4-2 动量轮在轨寿命数据编号与卫星及相似因子的对应关系

卫星编号	G 星	H 星	I 星	J 星	K 星	L 星
单机编号	22、23、24、25、26、27	16、17、18、19、20、21	9、10、11、12	4、5、6、7、8	13、14、15	1、2、3
相似因子	1	1	1	1	1	0.9489

（3）地面试验数据：每个单机的地面试验时间折合在轨运行时间 310h。

（4）在轨性能数据：由动量轮的在轨性能数据，按照第 3 章中所述方法，求得其工作 2 年后剩余寿命的预测值为 154876h。

4.8.2 剩余寿命预测过程

由于动量轮为典型的机电产品，可认为其寿命服从韦布尔分布。现采用基于多源信息融合的方法，预测动量轮工作 2 年后的剩余寿命，其过程如下。

1. 数据预处理

（1）由于所有单机都经历了地面试验，且地面试验时间折算后为 310h，故首先将所有在轨寿命数据加上 310h。

（2）对于 G 星和 H 星上的单机，将其在轨寿命数据作为同类产品历史寿命数据，记为 H。

(3) 对于 L 星上的单机，将其在轨寿命数据作为相似产品寿命数据，记为 S。

(4) 另外，对于 I 星、K 星和 J 星上的单机，将其在轨寿命数据作为现场数据，记为 D。

2. 专家信息确定验前分布

为了处理方便，取动量轮 5 年处可靠度的验前分布为负对数伽马分布，记为 $\pi_1(R_\tau)=\mathrm{NLG}(a_1,b_1)$。根据动量轮 5 年处的可靠度预计值 0.99，求解最优化问题：

$$\max H[\pi_1(R_\tau)] = -\int_0^1 \pi_1(R_\tau)\ln[\pi_1(R_\tau)]\mathrm{d}R_\tau$$

其中，要求 $\int_0^1 R_\tau \pi_1(R_\tau)\mathrm{d}R_\tau = 0.99$，则能得到 $a_1=0.9923$，$b_1=98.2324$。由此可得，$\pi(\lambda|\beta)\sim\Gamma(a_1,b_1\tau^\beta)$。

对于形状参数 β，在工程中通常能给出其取值范围，并记为 $[\beta_1,\beta_2]$。则其验前分布为

$$\pi(\beta)=\frac{1}{\beta_2-\beta_1}$$

此处取 $\beta_1=1$，$\beta_2=6$。则 λ 和 β 的联合验前分布为

$$\pi_1(\lambda,\beta)=\frac{1}{\beta_2-\beta_1}\frac{(b_1\tau^\beta)^{a_1}}{\Gamma(a_1)}\lambda^{a_1-1}\exp(-b_1\tau^\beta\lambda)$$

其中，$\lambda>0$，$\beta_1\leq\beta\leq\beta_2$，$a_1=0.9923$，$b_1=98.2324$，$\beta_1=1$，$\beta_2=6$，$\tau=43800$。

3. 一致性检验

取一致性检验的显著性水平为 $\gamma=0.01$，并根据现场数据得到剩余寿命 μ_{l0} 的点估计为 $\mu_{l0}=7.76$ 年。

由专家数据融合现场数据得到，剩余寿命 μ_{l0} 置信水平为 $1-\gamma$ 的置信区间为 $(\mu_L^{(1)},\mu_H^{(1)})=(4.06,46.96)$ 年。由于 μ_{l0} 落在置信区间内，认为两总体无显著性差异，因此专家数据与现场数据的一致性检验通过。

由相似产品数据结合现场数据得到，剩余寿命 μ_{l0} 在置信水平 $1-\gamma$ 下的置信区间为 $(\mu_L^{(2)},\mu_H^{(2)})=(0.08,5.28)$ 年。由于 μ_{l0} 未落在置信区间内，认为两总体存在显著性差异，因此相似产品数据与现场数据的一致性检验不通过。

由历史产品数据融合现场数据得到，剩余寿命 μ_{l0} 在置信水平 $1-\gamma$ 下的置信区间为 $(\mu_L^{(3)},\mu_H^{(3)})=(2.13,26.09)$ 年。由于 μ_{l0} 落在置信区间内，认为两总

体无显著性差异,因此历史产品数据与现场数据的一致性检验通过。

由在轨性能数据融合现场数据得到,剩余寿命 μ_{l0} 在置信水平 $1-\gamma$ 下的置信区间为 $(\mu_L^{(4)},\mu_H^{(4)})=(6.36,25.00)$ 年。由于 μ_{l0} 落在置信区间内,认为两总体无显著性差异,因此在轨性能数据与现场数据的一致性检验通过。

4. 融合验后分布及剩余寿命预测

现场数据 D 为 $t_1,\cdots,t_r,t_{r+1},\cdots,t_n$,其中 n 为样本数,r 为失效数。利用贝叶斯公式,结合现场数据,则能得到 λ 和 β 的验后分布为

$$\pi(\lambda,\beta\mid D)=0.36\pi_1(\lambda,\beta\mid D)+0.30\pi_3(\lambda,\beta\mid D)+0.34\pi_4(\lambda,\beta\mid D)$$

其中,相似产品数据未通过一致性检验,π_1、π_3、π_4 分别为专家数据、历史产品数据、在轨性能数据的验后分布。

根据不同信息源的验后分布,可以得到对应的 2 年的剩余寿命点估计和区间估计,所得结果如表 4-3 所示,其中置信区间为置信水平 0.7 下的结果。

表 4-3 动量轮各信息源对应的剩余寿命预测结果 (单位:年)

信息源	剩余寿命	
	点估计	置信区间估计
专家数据	27.04	[19.77, 28.26]
相似产品数据	—	—
历史产品数据	18.23	[13.62, 19.81]
在轨性能数据	20.33	[16.14, 25.93]

"—"表示未通过一致性检验的信息源。

4.8.3 预测结果

再利用综合权重,即可计算多源信息融合后的剩余寿命预测结果,可得在已经工作 2 年的情况下,动量轮剩余寿命预测结果为 22.23 年,即各信息源对应剩余寿命预测结果的加权平均值,剩余寿命在置信水平 70% 下的双侧置信区间估计为 [17.92, 23.29] 年。

第 5 章

基于贝叶斯的在轨平台剩余寿命预测研究

5.1 引 言

在可靠性分析和剩余寿命预测中,贝叶斯方法已得到了广泛的应用。特别是在试验数据较少的情况下,运用贝叶斯方法,能够充分利用各种定量或定性的可靠性数据,以弥补现场试验数据的不足,尤其能够较好地处理航天工程中普遍出现的无失效问题,从而为分析经典方法所不能解决的问题提供了新的思路。本章讨论基于贝叶斯的在轨平台剩余寿命预测方法。

在轨平台是一个复杂系统,其复杂性主要体现在系统结构上。一个系统可以划分为多个分系统,而分系统又可拆分为众多单机,这样系统可以表示成一个金字塔的结构,在轨平台的贝叶斯剩余寿命预测方法就是基于这个金字塔结构自下而上进行的。但由于各组成单机数量众多,分布类型也很多,同时进行系统级剩余寿命预测需要考虑多种不同类型的可靠性数据,包括卫星单机的和系统本层级的可靠性数据等。因此,开展在轨平台系统的剩余寿命预测难度较大。

考虑到对于在轨平台系统的剩余寿命预测,可利用的数据不仅包括系统本级的各类可靠性数据,也包括单机级的可靠性数据,这也是其中一类重要的数据。根据单机可靠性数据的不同条件,本章给出两类预测方法。第一类方法[137]将单机级的各类数据融合后再向上折算,并与系统级的各类数据进行融合,从而对在轨平台系统的剩余寿命进行预测,称为基于先融合后折算再融合的系统剩余寿命预测方法。第二类方法[138-139]首先将单机的各类数据分别向在轨平台系统进行折算,再将各类折算后的数据与系统的数据进行融合,从而对在轨平台系统的剩余寿命进行预测,称为基于先折算再融合的系统剩余寿命预测方法。

5.2 基于先融合后折算再融合的系统剩余寿命预测方法

本节介绍基于先融合后折算再融合的系统剩余寿命预测方法，具体流程如图5-1所示。

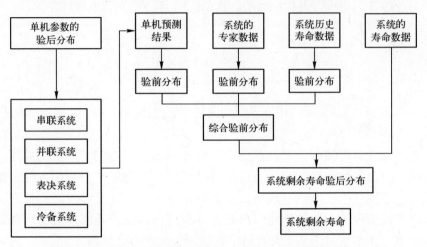

图5-1 基于先融合后折算再融合的系统剩余寿命预测方法流程

1. 平台可靠性建模

平台可靠性建模主要包括平台可靠性结构框图的建立及系统、分系统和单机寿命分布的确定两个方面。

可靠性框图是对系统内一个或一个以上的功能模式用方框表示的各组成部分故障或它们的组合如何导致系统故障的逻辑图。系统可靠性框图可由其工作原理图导出，但应注意它与原理图的区别，即可靠性框图是表示系统中各单元之间的功能关系，而非物理关系。根据可靠性框图可以得到系统的结构函数。

无论是对于贝叶斯方法还是经典方法，确定系统、分系统和单机的寿命分布，都是进行统计推断的基础，这是因为似然函数的表示依赖寿命分布模型。根据对系统认识程度的不同和试验数据的多少，对产品的寿命分布的确定方法通常可分为两类：一类是根据物理失效机理或工程技术考虑分析产品的寿命分布；另一类是利用产品的寿命试验数据进行分布拟合优度检验[140]。

对于系统而言，如果试验数据较少，但其组成单元的寿命分布是已知的，则可以由单元的寿命分布及系统的结构得到系统的仿真失效数据，并用其对相应的系统进行分布拟合优度检验。对于航天装备中的各种单机，利用工程经验可明确其服从的寿命分布，主要包括二项分布、指数分布和韦布尔分布等。

2. 单机验后分布的确定

对单机的可靠性数据，按照第 4 章的方法，可以得到单机寿命分布参数的验后分布。

3. 系统验前信息的折合

由步骤 2 可以得到单机的寿命样本，结合步骤 1 的系统可靠性结构，可以将单机的寿命样本转化为系统的寿命样本，从而将单机的验后信息折合到系统层级。

4. 系统多源验前信息的确定

步骤 3 得到了由单机信息折合的系统寿命样本，根据系统的工作时间，可以计算其可靠度，从而转化得到系统的一个验前信息。然后，将单机综合等效上来的验前信息与其他的验前信息融合，得到一个综合验前分布。

5. 系统剩余寿命的贝叶斯估计

由步骤 4 得到了系统剩余寿命的验前分布，结合系统级的寿命数据，由贝叶斯定理得到系统剩余寿命的验后分布。由系统剩余寿命参数的验后分布，可以对系统的剩余寿命进行预测，通常包括剩余寿命的点估计以及置信区间估计。

5.2.1 系统验前信息的折合

本章针对串联、并联、表决和冷备四种典型系统结构，考虑单机可靠性数据折算到系统级的方法，首先对单机服从指数分布和韦布尔分布情况下的可靠性数据折算问题进行研究，推导解析式。对于更复杂情况，给出了相应的仿真方法。

1. 单机寿命服从指数分布时的可靠性数据折算

本章将研究单机寿命服从指数分布情况下，在四种典型系统结构下将单机可靠性数据向上层折合的方法，将折算后的数据转化为各典型系统的剩余寿命估计。为了进行后续研究，需要首先证明如下定理。

定理 5.1

若产品寿命的概率密度函数为 $f(t)$，可靠度函数为 $R(t)$，则时刻 τ 处该

产品剩余寿命的期望为

$$E_\tau(L) = \frac{E(T) - B}{R(\tau)} - \tau \tag{5.1}$$

其中，$E(T) = \int_0^\infty tf(t)\mathrm{d}t$，$B = \int_0^\tau tf(t)\mathrm{d}t$。

证明：剩余寿命可通过如下积分得：

$$\begin{aligned}
E_\tau(L) &= \int_0^\infty lf_L(l)\mathrm{d}l = \int_0^\infty \frac{lf(l+\tau)}{R(\tau)}\mathrm{d}l \\
&= \frac{1}{R(\tau)}\int_\tau^\infty (x-\tau)f(x)\mathrm{d}x \\
&= \frac{1}{R(\tau)}\left[\int_\tau^\infty xf(x)\mathrm{d}x - \tau R(\tau)\right] \\
&= \frac{\int_0^\infty xf(x)\mathrm{d}x - \int_0^\tau xf(x)\mathrm{d}x}{R(\tau)} - \tau \\
&= \frac{E(T) - B}{R(\tau)} - \tau
\end{aligned}$$

式中：$E(T)$ 为产品寿命的期望。定理 5.1 表明，在实际工程中，只要确定了产品的寿命分布，便可直接计算时刻 τ 处的剩余寿命期望。

定理 5.2

若产品的可靠度函数为 $R(t)$，则剩余寿命的期望 $E_\tau(L)$ 为

$$E_\tau(L) = \frac{\int_\tau^{+\infty} R(t)\mathrm{d}t}{R(\tau)}$$

证明：在定理 5.1 中，由于

$$\begin{aligned}
\int_\tau^\infty xf(x)\mathrm{d}x &= \int_\tau^\infty \int_0^x \mathrm{d}sf(x)\mathrm{d}x \\
&= \int_0^\tau \int_\tau^\infty f(x)\mathrm{d}x\mathrm{d}s + \int_\tau^\infty \int_s^\infty f(x)\mathrm{d}x\mathrm{d}s \\
&= \tau R(\tau) + \int_\tau^\infty R(s)\mathrm{d}s
\end{aligned}$$

所以剩余寿命的期望为 $E_\tau(L) = \dfrac{\int_\tau^{+\infty} R(t)\mathrm{d}t}{R(\tau)}$。特别地，当 $\tau=0$ 时，计算得到的便是产品寿命的期望 $E(T)$。

由定理 5.2 的推导可以看出，对于剩余寿命点估计和区间估计的计算，核

心是求得可靠度函数。对于单机可靠性数据向上折算的问题,由于折算后需转化为系统的剩余寿命估计,因此折算的核心也是系统的可靠度函数。此处假设单机寿命服从不同失效率参数的指数分布,对单机可靠性数据的折算进行分析。

1) 串联系统

串联系统作为最常见的系统结构之一,其可靠度函数为[106]

$$R_s(t) = \prod_{i=1}^{n} R_i(t) \tag{5.2}$$

式中:$R_i(t)$为单机i的可靠度函数。记部件i的失效率为λ_i($i=1,2,\cdots,n$),可得串联系统寿命的期望为

$$\begin{aligned} E_s(T) &= \int_0^{+\infty} R_s(t)\,\mathrm{d}t \\ &= \int_0^{+\infty} \prod_{i=1}^{n} R_i(t)\,\mathrm{d}t \\ &= \int_0^{+\infty} \exp\left(-\sum_{i=1}^{n} \lambda_i t\right)\mathrm{d}t \\ &= \frac{1}{\sum_{i=1}^{n} \lambda_i} \end{aligned} \tag{5.3}$$

易得当$\lambda_1 = \lambda_2 = \cdots = \lambda_n = \lambda$时,即各单机的失效率参数相同时,串联系统寿命的期望为

$$E_s(T) = \frac{1}{n\lambda} \tag{5.4}$$

则根据定理 5.2,可得串联系统的剩余寿命期望为

$$\begin{aligned} E_{\tau,s}(T_L) &= \frac{\int_\tau^{+\infty} R_s(t)\,\mathrm{d}t}{R_s(\tau)} \\ &= \frac{\int_\tau^{+\infty} \exp\left(-\sum_{i=1}^{n} \lambda_i t\right)\mathrm{d}t}{\exp\left(-\sum_{i=1}^{n} \lambda_i \tau\right)} \\ &= \frac{1}{\sum_{i=1}^{n} \lambda_i} \end{aligned} \tag{5.5}$$

由式(5.5)可以看出,串联系统寿命的期望等于剩余寿命的期望。这是由指数分布的无记忆特性决定的。

2) 并联系统

对于并联系统，其可靠度函数为

$$R_p(t) = 1 - \prod_{i=1}^{n}[1 - R_i(t)] \tag{5.6}$$

则并联系统寿命的期望为

$$\begin{aligned}E_p(T) &= \int_0^{+\infty} R_p(t)\,\mathrm{d}t \\ &= \int_0^{+\infty} \left\{1 - \prod_{i=1}^{n}(1 - R_i(t))\right\}\mathrm{d}t\end{aligned} \tag{5.7}$$

其中

$$\prod_{i=1}^{n}(1 - R_i(t)) = 1 + \sum_{k=1}^{n}(-1)^k \exp\left[-\sum_{i_1 i_2 \cdots i_k}(\lambda_{i_1} + \lambda_{i_2} + \cdots + \lambda_{i_k})t\right] \tag{5.8}$$

$i_1, i_2, \cdots, i_k$ 表示 $1, 2, \cdots, n$ 中任意 k 个数的排列。则并联系统寿命的期望为

$$\begin{aligned}E_p(T) &= \int_0^{+\infty} R_p(t)\,\mathrm{d}t \\ &= \int_0^{+\infty}\left[1 - \prod_{i=1}^{n}(1 - R_i(t))\right]\mathrm{d}t \\ &= \sum_{k=1}^{n}(-1)^{k+1}\sum_{i_1 i_2 \cdots i_k}\frac{1}{\lambda_{i_1} + \lambda_{i_2} + \cdots + \lambda_{i_k}}\end{aligned} \tag{5.9}$$

而当 $\lambda_1 = \lambda_2 = \cdots = \lambda_n = \lambda$，即各单机的失效率参数相同时，可得：

$$\sum_{k=1}^{n}(-1)^{k+1}\sum_{i_1 i_2 \cdots i_k}\frac{1}{\lambda_{i_1} + \lambda_{i_2} + \cdots + \lambda_{i_k}} = \sum_{i=1}^{n}\frac{1}{i\lambda}$$

通过归纳法，即证明 $\sum_{i=1}^{n}\frac{C_n^i}{i}(-1)^{i+1} = \sum_{i=1}^{n}\frac{1}{i}$。

当 $n=1$ 时，该式左、右两边成立。

当 $n=k$ 时，假设该式成立，即 $\sum_{i=1}^{k}\frac{C_k^i}{i}(-1)^{i+1} = \sum_{i=1}^{k}\frac{1}{i}$。

当 $n=k+1$ 时，

$$\sum_{i=1}^{k+1}\frac{C_{k+1}^i}{i}(-1)^{i+1} = (k+1) + \sum_{i=2}^{k}\frac{C_{k+1}^i}{i}(-1)^{i+1} + \frac{(-1)^k}{k+1}$$

其中，$\sum_{i=2}^{k} \frac{C_{k+1}^i}{i}(-1)^{i+1} = \sum_{i=2}^{k} \frac{(-1)^{i+1}}{i}(C_k^{i-1} + C_k^i)$，且

$$\sum_{i=2}^{k} \frac{(-1)^{i+1}}{i} C_k^{i-1}$$

$$= \sum_{i=2}^{k} \frac{(-1)^{i+1}}{i} \frac{k!}{(i-1)!(k-i+1)!}$$

$$= \sum_{i=2}^{k} (-1)^{i+1} \frac{(k+1)!}{i!(k-i+1)!} \frac{1}{k+1}$$

$$= -\frac{1}{k+1} \sum_{i=2}^{k} (-1)^i C_{k+1}^i$$

$$= -\frac{1}{k+1} [(1-1)^{k+1} - 1 - (-1)^{k+1} + (k+1)]$$

又由于

$$\sum_{i=2}^{k} \frac{(-1)^{i+1}}{i} C_k^i = \sum_{i=1}^{k} \frac{1}{i} - k$$

因而当 $n=k+1$ 时，存在

$$\sum_{i=1}^{k+1} \frac{C_{k+1}^i}{i}(-1)^{i+1} = \sum_{i=1}^{k+1} \frac{1}{i}$$

即当 $n=k+1$ 原式成立。故可得此时并联系统寿命的期望为

$$E_p(T) = \sum_{i=1}^{n} \frac{1}{i\lambda} \tag{5.10}$$

类似地，根据定理 5.2 可得并联系统剩余寿命的期望为

$$E_{\tau,p}(T_L) = \frac{\int_{\tau}^{\infty} \left(1 - \prod_{i=1}^{n}(1 - R_i(t))\right) \mathrm{d}t}{1 - \prod_{i=1}^{n}(1 - R_i(t))}$$

$$= \frac{\sum_{k=1}^{n}(-1)^{k+1} \sum_{i_1 i_2 \cdots i_k} \frac{1}{\lambda_{i_1} + \lambda_{i_2} + \cdots + \lambda_{i_k}} \exp[-(\lambda_{i_1} + \lambda_{i_2} + \cdots + \lambda_{i_k})\tau]}{\sum_{k=1}^{n}(-1)^{k+1} \sum_{i_1 i_2 \cdots i_k} \exp[-(\lambda_{i_1} + \lambda_{i_2} + \cdots + \lambda_{i_k})\tau]}$$

$$\tag{5.11}$$

3）表决系统

对于 n 中取 m 的表决系统，其可靠度函数为

$$R_g(t) = \sum_{k=r}^{n} \left(\prod_{i_1 i_2 \cdots i_k} (1 - F_{i_k}) \prod_{j=1}^{n-k} F_{(j)} \right)$$

$$= \sum_{m=r}^{n} \sum_{k=0}^{n-m} (-1)^k \exp\left[-\sum_{i_1 i_2 \cdots i_k} (\lambda_{i_1} + \cdots + \lambda_{i_k} + \lambda_{(1)} + \cdots + \lambda_{(m)}) t \right]$$

式中：$i_1, i_2, \cdots, i_k$ 是从 $1, 2, \cdots, n$ 任取 $n-m$ 个数后，再从这 $n-m$ 中任取 k 个排列；而 $(1), (2), \cdots, (m)$ 是剩余 m 个数任意排列。所以表决系统寿命的期望为

$$E_g(T) = \int_0^{+\infty} R_g(t) \, dt$$

$$= \int_0^{+\infty} \sum_{m=r}^{n} \sum_{k=0}^{n-m} (-1)^k \exp\left[-\sum_{i_1 i_2 \cdots i_k} (\lambda_{i_1} \lambda_{i_2} \cdots \lambda_{i_k}) t \right] dt$$

$$= \sum_{m=r}^{n} \sum_{k=0}^{n-m} \sum_{i_1 i_2 \cdots i_k} \frac{(-1)^k}{\lambda_{i_1} + \cdots + \lambda_{i_k} + \lambda_{(1)} + \cdots + \lambda_{(m)}} \quad (5.12)$$

类似地，根据定理 5.2 可得表决系统剩余寿命的期望为

$$E_{\tau,g}(T_L) = \frac{\int_{\tau}^{\infty} \sum_{m=r}^{n} \sum_{k=0}^{n-m} (-1)^k \exp\left[-\sum_{i_1 i_2 \cdots i_k} (\lambda_{i_1} + \cdots + \lambda_{i_k} + \lambda_{(1)} + \cdots + \lambda_{(m)}) t \right] dt}{\sum_{m=r}^{n} \sum_{k=0}^{n-m} (-1)^k \exp\left[-\sum_{i_1 i_2 \cdots i_k} (\lambda_{i_1} + \cdots + \lambda_{i_k} + \lambda_{(1)} + \cdots + \lambda_{(m)}) \tau \right]}$$

$$= \frac{\sum_{m=r}^{n} \sum_{k=0}^{n-m} \sum_{i_1 i_2 \cdots i_k} \frac{(-1)^k \exp\left[-(\lambda_{i_1} + \cdots + \lambda_{i_k} + \lambda_{(1)} + \cdots + \lambda_{(m)}) \tau \right]}{\lambda_{i_1} + \cdots + \lambda_{i_k} + \lambda_{(1)} + \cdots + \lambda_{(m)}}}{\sum_{m=r}^{n} \sum_{k=0}^{n-m} (-1)^k \exp\left[-\sum_{i_1 i_2 \cdots i_k} (\lambda_{i_1} + \cdots + \lambda_{i_k} + \lambda_{(1)} + \cdots + \lambda_{(m)}) \tau \right]}$$

(5.13)

特别地，当 $\lambda_1 = \lambda_2 = \cdots = \lambda_n = \lambda$，即各部件的失效率参数相同时，表决系统的可靠度函数可以化简为

$$R_g(t) = \sum_{m=r}^{n} C_n^m [R(t)]^m [1 - R(t)]^{n-m}$$

$$= \sum_{m=r}^{n} \binom{n}{m} \sum_{k=0}^{n-m} (-1)^k \binom{n-m}{k} \exp[-(m+k)\lambda t]$$

此时，表决系统寿命的期望为

$$E_g(T) = \sum_{i=r}^{n} \frac{1}{i\lambda}$$

相应地,剩余寿命期望为

$$E_{\tau,g}(T_L) = \frac{\sum_{m=r}^{n}\binom{n}{m}\sum_{k=0}^{n-m}\frac{(-1)^k}{(m+k)\lambda}\binom{n-m}{k}\exp[-(m+k)\lambda\tau]}{\sum_{m=r}^{n}\binom{n}{m}\sum_{k=0}^{n-m}(-1)^k\binom{n-m}{k}\exp[-(m+k)\lambda\tau]}$$

当 $m=n$ 或者 $m=1$ 时,该表决系统简化为串联系统与并联系统,所得结果与式(5.5)和式(5.11)一致。

4)冷备系统

为提高在轨平台的可靠性,冷备冗余是常见的设计手段。对于 n 中取 k 的冷备系统,初始时只有 k 个单机工作,其余 $n-k$ 个单机处于备份状态,且不会失效,当处于工作状态的单机发生失效时,处于备份状态的单机将依次替换失效的单机继续工作,直到系统中可正常工作的单机数量少于 k 个时,系统将不能继续正常运行。

当 n 中取 k 冷备系统中的单机寿命都服从失效率为 λ_0 的指数分布时,冷备系统的可靠度函数为

$$R(t) = \sum_{l=0}^{n-k} \frac{1}{l!}(k\lambda_0 t)^l \exp[-k\lambda_0 t] \tag{5.14}$$

冷备系统寿命的期望为

$$m_s = \frac{n-k+1}{k\lambda_0} \tag{5.15}$$

冷备系统剩余寿命的期望为

$$E_\tau^c(L) = \frac{S_{n+l}}{S_{n+l}-S_{n+l-1}} \tag{5.16}$$

其中

$$S_q = \sum_{i=0}^{q}\sum_{j=0}^{i}\frac{1}{j!}(k\lambda_0\tau)^j$$

为证明式(5.16),需先证明定理 5.3。

定理 5.3

当 $a>0$ 且 k 为正整数时,式

$$\frac{1}{k!}\int_0^a x^k e^{-x} dx = 1 - \sum_{i=0}^{k}\frac{a^i e^{-a}}{i!}$$

成立。

证明:根据数学归纳法,当 $k=1$ 时,定理成立。假设对于 $k \in N^+$,且 $k \geq 2$,该定理成立,即

$$\frac{1}{k!}\int_0^a x^k e^{-x}dx = 1 - \sum_{i=0}^{k} \frac{a^i e^{-a}}{i!}$$

对于 $k+1 \in N^+$，可得

$$\frac{1}{(k+1)!}\int_0^a x^{k+1} e^{-x}dx = -\frac{1}{(k+1)!}x^{k+1}e^{-x}\Big|_0^a + \frac{1}{k!}\int_0^a x^k e^{-x}dx$$

即

$$\frac{1}{(k+1)!}\int_0^a x^{k+1} e^{-x}dx = 1 - \sum_{i=0}^{k+1} \frac{a^i e^{-a}}{i!}$$

综上，对于任意的 $k \in N^+$，都有

$$\frac{1}{k!}\int_0^a x^k e^{-x}dx = 1 - \sum_{i=0}^{k} \frac{a^i e^{-a}}{i!}$$

其中，$a>0$。根据定理 5.2，可知冷备系统剩余寿命的期望为

$$E_\tau^c(L) = \frac{\int_\tau^\infty R_c(t)dt}{R_c(\tau)}$$

$$= \frac{\int_0^\infty R_c(t)dt - \int_0^\tau R_c(t)dt}{R_c(\tau)}$$

$$= \frac{E_c(T) - \int_0^\tau R_c(t)dt}{R_c(\tau)}$$

其中

$$\int_0^\tau R_c(t)dt = \int_0^\tau \sum_{i=0}^{n} \frac{1}{i!}(l\lambda t)^i \exp(-l\lambda t)dt$$

$$= \sum_{i=0}^{n} \frac{1}{i!}\int_0^\tau (l\lambda t)^i \exp(-l\lambda t)dt$$

$$= \frac{1}{l\lambda}\sum_{i=0}^{n} \frac{1}{i!}\int_0^{l\lambda\tau} x^i \exp(-x)dx$$

$$= \frac{1}{l\lambda}\sum_{i=0}^{n}\left[1 - \sum_{j=0}^{i}\frac{(l\lambda\tau)^j \exp(-l\lambda\tau)}{j!}\right]$$

$$= \frac{1}{l\lambda}\sum_{i=0}^{n}[1 - R_c(\tau;i)]$$

其中

$$R_c(\tau;i) = \sum_{j=0}^{i}\frac{1}{j!}(l\lambda\tau)^j \exp(-l\lambda\tau)$$

经过化简可得式(5.16)。

2. 单机寿命服从韦布尔分布时的可靠性数据折算

本节针对串联、并联、表决和冷备这四种典型系统结构,研究当部件寿命服从韦布尔分布时的单机可靠性数据折算方法,折算后的结果为系统剩余寿命的估计。假定单机寿命所服从韦布尔分布的分布函数如式(4.4)所示,概率密度函数如式(4.5)所示,其中β为形状参数,λ与尺度参数有关。此时的可靠度函数为

$$R(t) = \exp(-\lambda t^\beta) \tag{5.17}$$

单机寿命的期望如式(4.28)所示,单机在τ时刻后剩余寿命的概率密度函数如式(4.6)所示。

与指数分布类似,当单机寿命服从韦布尔分布时,对于四种典型系统结构下单机可靠性数据的折算,由于折算目标是系统的剩余寿命估计,故折算也将基于系统可靠度函数开展。但韦布尔分布的数学形式比指数分布更为复杂,此处假设单机寿命服从相同的韦布尔分布,并推导系统剩余寿命的解析式。

1) 串联系统

对于n个单机构成的串联系统,若每个单机寿命的分布参数都为β和λ,则串联系统寿命的期望为

$$\begin{aligned} E_s(T) &= \int_0^\infty R_s(t)\,\mathrm{d}t \\ &= \int_0^\infty \exp[-\lambda(n^{\frac{1}{\beta}}t)^\beta]\,\mathrm{d}t \\ &= n^{-\frac{1}{\beta}} E(T) \end{aligned} \tag{5.18}$$

式中:$E(T)$为韦布尔型单机寿命的期望,如式(4.28)所示。

由定理5.2可得,串联系统τ时刻处剩余寿命的期望为

$$\begin{aligned} E_\tau^s(L;n) &= \frac{\int_\tau^{+\infty} R_s(t)\,\mathrm{d}t}{R_s(\tau)} \\ &= \frac{\int_\tau^{+\infty} [\exp(-\lambda t^\beta)]^n \,\mathrm{d}t}{[R(\tau)]^n} \\ &= \frac{\int_\tau^{+\infty} \exp[-\lambda(tn^{\frac{1}{\beta}})^\beta]\,\mathrm{d}t}{[R(\tau)]^n} \end{aligned}$$

$$= n^{-\frac{1}{\beta}} \frac{\int_{\tau n^{\frac{1}{\beta}}}^{+\infty} \exp(-\lambda \mu^\beta) d\mu}{[R(\tau)]^n}$$

经化简得

$$E_\tau^s(L;n) = n^{-\frac{1}{\beta}} \frac{E(T) - \int_0^{\tau n^{\frac{1}{\beta}}} \exp(-\lambda \mu^\beta) d\mu}{[R(\tau)]^n}$$

$$= n^{-\frac{1}{\beta}} \frac{E(T) - \int_0^{\tau n^{\frac{1}{\beta}}} R(\mu) d\mu}{[R(\tau)]^n} \tag{5.19}$$

对式（5.19）中积分项 $\int_0^{\tau n^{\frac{1}{\beta}}} R(\mu) d\mu$ 的计算考虑采用数值方法，如复合辛普森公式、牛顿-科特斯公式等。同时考虑到在轨平台中的单机往往呈现高可靠性、长寿命的特点，且当前工作时刻往往处于其寿命的初始阶段，为方便起见，可以近似认为可靠度从 0 时刻到 τ 时刻为线性变化。因而有

$$\int_0^{\tau n^{\frac{1}{\beta}}} R(\mu) d\mu = \frac{\tau n^{\frac{1}{\beta}}}{2} [2 - n^{\frac{1}{\beta}} + n^{\frac{1}{\beta}} R(\tau)] \tag{5.20}$$

据此，可以快速近似计算积分项。

当求得单机寿命的估计后，可以直接得到串联系统的寿命估计。进一步，若可靠度函数已知，则可以快速计算得到串联系统剩余寿命的期望。

2）并联系统

对于 n 个部件构成的并联系统，若每个单机寿命的分布参数都为 β 和 λ，则并联系统寿命的期望为

$$E_p(T) = \int_0^\infty R_p(t) dt$$

$$= \int_0^\infty \{1 - [1 - R(t)]^n\} dt \tag{5.21}$$

由二项式展开可得：

$$E_p(T) = \int_0^\infty \left\{ - \sum_{i=1}^n C_n^{n-i} [-R(t)]^i \right\} dt$$

$$= \sum_{i=1}^n (-1)^{i+1} C_n^{n-i} \int_0^\infty [R(t)]^i dt$$

$$= \sum_{i=1}^n (-1)^{i+1} C_n^{n-i} i^{-\frac{1}{\beta}} E(T) \tag{5.22}$$

其中，$E(T)$ 如式（4.28）所示。根据定理 5.2，可得并联系统剩余寿命的期望为

$$E_\tau^p(L) = \frac{\int_\tau^\infty 1-[1-R(t)]^n dt}{1-[1-R(\tau)]^n}$$

$$= \frac{\sum_{i=1}^n (-1)^{i+1} C_n^{n-i} \int_\tau^\infty [R(t)]^i dt}{1-[1-R(\tau)]^n}$$

$$= \frac{\sum_{i=1}^n (-1)^{i+1} C_n^{n-i} [R(\tau)]^i E_\tau^s(L;i)}{1-[1-R(\tau)]^n} \quad (5.23)$$

由式（5.23）可以看出，并联系统剩余寿命预测的关键也在于 $E_\tau^s(L;i)$ 的计算，而 $E_\tau^s(L;i)$ 相当于 i 个部件构成的串联系统在 τ 时刻处的剩余寿命期望。

3）表决系统

对于 n 中取 m 表决系统，若当前可正常工作的单机数目小于 m 时，表决系统就会失效，其可靠度函数为

$$R_g(t) = \sum_{k=m}^n C_n^k [R(t)]^k [1-R(t)]^{n-k} \quad (5.24)$$

由于

$$C_n^k [R(t)]^k [1-R(t)]^{n-k}$$
$$= C_n^k [R(t)]^k [C_{n-k}^{n-k} - C_{n-k}^{n-k-1} R(t) + \cdots + (-1)^{n-k} C_{n-k}^0 R(t)^{n-k}]$$
$$= C_n^k \sum_{i=k}^n (-1)^{i-k} C_{n-k}^{n-i} [R(t)]^i \quad (5.25)$$

故可将表决系统寿命的期望化简为

$$E_g(T) = \int_0^\infty R_g(t) dt$$

$$= \int_0^\infty \sum_{k=r}^n C_n^k \sum_{i=k}^n (-1)^{i-k} C_{n-k}^{n-i} [R(t)]^i dt$$

$$= \sum_{k=r}^n C_n^k \sum_{i=k}^n (-1)^{i-k} C_{n-k}^{n-i} i^{-\frac{1}{\beta}} E(T) \quad (5.26)$$

其中，$E(T)$ 如式（4.28）所示。根据定理 5.2，可得表决系统剩余寿命的期望为

$$E_\tau^g(L) = \frac{\int_\tau^\infty \sum_{k=r}^n C_n^k [R(t)]^k [1-R(t)]^{n-k} dt}{\sum_{k=r}^n C_n^k [R(\tau)]^k [1-R(\tau)]^{n-k}}$$

$$= \frac{\sum_{k=r}^n C_n^k \sum_{i=k}^n (-1)^{i-k} C_{n-k}^{n-i} \int_\tau^\infty [R(t)]^i dt}{\sum_{k=r}^n C_n^k [R(\tau)]^k [1-R(\tau)]^{n-k}}$$

$$= \frac{\sum_{k=r}^n C_n^k \sum_{i=k}^n (-1)^{i-k} C_{n-k}^{n-i} [R(\tau)]^i E_\tau^s(L;i)}{\sum_{k=r}^n C_n^k [R(\tau)]^k [1-R(\tau)]^{n-k}} \quad (5.27)$$

式中：$E_\tau^s(L;i)$ 为 i 个韦布尔型单机构成的串联系统 τ 时刻处剩余寿命估计。

4) 冷备系统

假设 n 中取 k 冷备系统分为 k 个位置，第 i 个位置的工作部件和对应该位置的贮备部件寿命的分布函数分别为 $F_i(t)$ 和 $H_i(t)$，$G_{i,j}(t)$ 为第 i 个位置至少有 j 个部件已经失效的概率。因而可得：

$$G_{i,j}(t) = G_{i,j-1}(t) * H_i(t) \quad (5.28)$$

其中，$G_{i,1}(t) = F_i(t)$，且

$$G_{i,j-1} * H_i(t) = \int_0^t dH_i(x) G_{i,j-1}(t-x)$$

$$= \int_0^t H_i(t-x) dG_{i,j-1}(x) \quad (5.29)$$

记 P_{ij} 为位置 i 正好发生 j 个失效的概率，可得

$$P_{ij} = G_{i,j}(t) - G_{i,j+1}(t) \quad (5.30)$$

其中，$P_{i0} = 1 - G_{i1}(t)$。令 $P(l)$ 表示冷备系统共有 l 个部件失效，而 $P(l)$ 可由所有位置的 P_{ij} 计算得到。最后，可得冷备系统的可靠度为

$$R_c(t) = \sum_{l=1}^{n-k} P(l) \quad (5.31)$$

该数值方法计算冷备系统可靠度的核心步骤为式 (5.29) 中卷积公式的计算，可借助微分法的思想，将区间划分为 m 个小区间，在每个小区间内采用梯形公式计算小区间的面积再求和。显然，该数值方法精度随着 m 的增大而提高，且简单易行，适用范围广。根据上述方法，可以得到任意时刻冷备系统可靠度。

在求得冷备系统可靠度后，再根据式 (4.1)，可知：

$$F_\tau(t) = \frac{R(\tau) - R(t+\tau)}{R(\tau)} \tag{5.32}$$

因而可以得到冷备系统剩余寿命的分布函数，继而根据式（4.2）给出冷备系统剩余寿命的概率密度函数。

根据定理 5.1 可知，若要计算冷备系统的剩余寿命，则积分 $\int_\tau^\infty R_c(t)\mathrm{d}t$ 的计算是核心。类似地，考虑采用复合辛普森公式，假设积分上限为 M，为保证近似精度，M 为一足够大的有理数，则存在 $\eta \in [0, M]$，使得：

$$\int_0^M R_c(t)\mathrm{d}t = \frac{h}{3}\left\{1 + 2\sum_{j=1}^{m-1} R(2jh) + 4\sum_{j=1}^{m} R[(2j-1)h] + R(M)\right\} - \frac{(b-a)}{180}h^4 R^{(4)}(\eta) \tag{5.33}$$

其中，步长为

$$h = \frac{b-a}{m}$$

3. 基于仿真的单机可靠性数据折算方法

对于单机寿命分布更为复杂的情况，难以得到各典型系统寿命以及剩余寿命期望的解析式，此时可利用仿真方法。假设某典型系统由 n 个单机构成，经融合每个单机的可靠性数据后得到了单机寿命分布参数 θ 的验后分布 $\pi_i(\theta)$，其中 $i=1,2,\cdots,n$，将单机的可靠性数据向上折算的方法如算法 5.1 所示。

算法 5.1

1. 基于验后分布 $\pi_i(\theta)$，抽取参数 θ 的随机样本值 θ_{vi}；
2. 根据参数样本值 θ_{vi}，抽取寿命随机样本值 L_i；
3. 根据 n 个部件寿命样本值 $L_1, L_2, \cdots, L_n$，结合系统结构，得到系统寿命样本 L_S；
4. 重复上述步骤 S 次，得到系统寿命样本 L_S^i，其中 $i=1,2,\cdots,S$。

需要对上述方法进行以下几点说明。

（1）在基于抽样的单机剩余寿命预测方法执行过程中，可以保留抽取的参数随机样本值，从而避免在进行系统剩余寿命预测时重复抽样，提高运算效率。

(2) 关于步骤 2 的实现方法，通常可以采用拒绝法、反函数方法等。例如，当部件寿命服从韦布尔分布时，由寿命的分布函数可得：

$$t = \left[-\frac{1}{\lambda} \ln(1-u) \right]^{\frac{1}{\beta}}$$

式中：u 为 0 到 1 上均匀分布的随机数。因而在抽取随机数 u 后，即可产生相应的寿命样本。

(3) 在生成系统寿命样本 L_S 后，如果没有在轨平台系统的数据，则无须考虑系统级数据融合，可将寿命样本转化为剩余寿命样本，从而得到剩余寿命的点估计和区间估计。如果系统级自身还有可靠性数据，则需要进行系统级数据的融合，然后再预测剩余寿命。

接下来讨论在单机寿命分布已知的情况下，如何通过仿真抽样，得到串联、并联、表决和冷备系统寿命样本的方法，以及如何由寿命样本转化为剩余寿命样本的方法。

1) 基于仿真的串联系统数据折算方法

对于由 n 个单机构成的串联系统，其中第 i 个单机寿命的分布函数为 $F_i(t)$，其寿命为 $L_i(i=1,2,\cdots,n)$，则串联系统寿命为各个部件寿命的最小值，即

$$L_s = \min(L_1, L_2, \cdots, L_n) \tag{5.34}$$

仿真算法的具体流程如图 5-2 所示。

(1) 基于 $F_i(t)$，抽取所有部件的寿命样本 $L_i(i=1,2,\cdots,n)$。

(2) 选取部件寿命样本的最小值作为系统样本的一次抽样值，并记作 L_s。

(3) 重复上述步骤 T 次，得到串联系统寿命样本。

2) 基于仿真的并联系统数据折算方法

对于由 n 个相互独立的单机构成的并联系统，其中第 i 个单机寿命的分布函数为 $F_i(t)$，其寿命为 $X_i(i=1,2,\cdots,n)$，则并联系统寿命为各个部件寿命的最大值，即

$$X_s = \max(X_1, X_2, \cdots, X_n) \tag{5.35}$$

仿真抽样方法的具体流程如图 5-3 所示。

(1) 基于 $F_i(t)$，抽取所有部件的寿命样本 $L_i(i=1,2,\cdots,n)$。

(2) 选取部件寿命样本的最大值作为系统样本的一次抽样值，并记作 L_s。

(3) 重复上述步骤 T 次，得到并联系统寿命样本。

第5章 基于贝叶斯的在轨平台剩余寿命预测研究

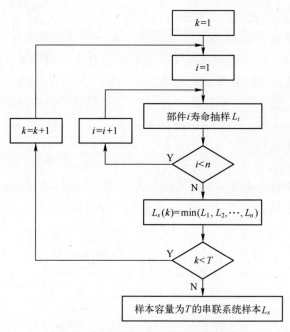

图 5-2 串联系统寿命仿真抽样流程

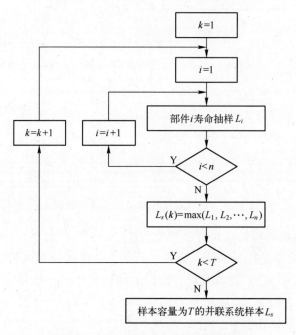

图 5-3 并联系统寿命仿真抽样流程

3) 基于仿真的表决系统数据折算方法

对于 n 中取 m 表决系统，假设单机寿命的分布函数为 $F_i(t)$，其寿命为 $X_i(i=1,2,\cdots,n)$。由于当表决系统中失效单机数大于或等于 $n-m+1$ 时，系统发生失效。为此，可将各单机的寿命按从小到大升序排列为 $X_{(1)} \leqslant X_{(2)} \leqslant \cdots \leqslant X_{(n)}$，则表决系统的寿命等于第 $n-m+1$ 个失效部件的寿命，即有

$$X_s = X_{(n-m+1)} \tag{5.36}$$

仿真算法的具体流程如图 5-4 所示。

(1) 基于 $F_i(t)$，抽取所有部件的寿命样本 $L_i(i=1,2,\cdots,n)$。

(2) 选取部件寿命样本的最大值作为系统样本的一次抽样值，并记作 L_s。

(3) 重复上述步骤 T 次，得到表决系统寿命样本。

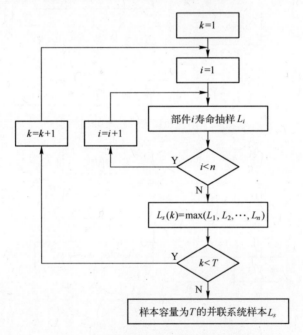

图 5-4 并联系统寿命仿真抽样流程

4) 基于仿真的冷备系统数据折算方法

对于 n 中取 k 的冷备系统，记第 i 个单机寿命的分布函数为 $F_i(t)$，其寿命为 $L_i(i=1,2,\cdots,n)$。仿真抽样方法的具体流程如图 5-5 所示。

(1) 基于 $F_i(t)$，抽取所有单机的寿命样本 $L_i(i=1,2,\cdots,n)$，令 $L_c^j = L_j(j=1,2,\cdots,k)$ 且 $p=1$。

(2) 若 $L_c^j = \min_{1 \leqslant i \leqslant k} \mathrm{CL}_i(j=1,2,\cdots,k)$，则 $L_c^j = L_c^j + L_{k+p}$，且 $p=p+1$。

(3) 重复上述步骤 $n-k$ 次，令 $L_s = \min\{L_c^1, L_c^2 k L_c^k\}$。
(4) 重复上述步骤 T 次，得到冷备系统寿命样本。

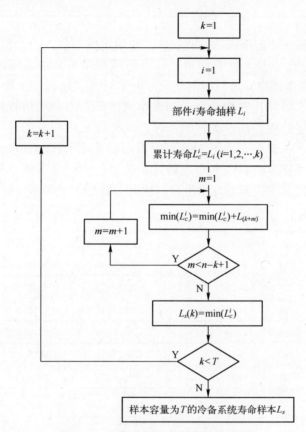

图 5-5 冷备系统寿命仿真抽样流程

5）将寿命样本转化为剩余寿命样本

在抽样得到各典型系统寿命的样本后，若系统级本身不存在其他类型的可靠性数据，则可直接进行系统剩余寿命的预测。注意到已通过抽样生成了系统自身寿命的样本，可直接将其转化为剩余寿命样本，从而进行系统的剩余寿命估计。接下来给出一个将寿命样本转化为剩余寿命样本的方法，如算法 5.2 所示。

算法 5.2：

给定 $i=1$，$k=1$，寿命样本 $L_s = \{L_s(1), L_s(2), \cdots, L_s(T)\}$。
1. 若 $L_s(i) > \tau$，令 $L_r(k) = L_s(i) - \tau$，$i=i+1$，$k=k+1$；否则，令 $i=i+1$；

2. 重复上述步骤 T 次,得到 k 个系统的剩余寿命样本 $L_r(1),L_r(2),\cdots,$ $L_r(k)$。

为验证算法 5.2 的准确性和有效性,在给定样本量 N_s、当前时刻 τ、韦布尔分布参数 λ、β 以及其他参数后,可以得到剩余寿命的真值,并根据算法 5.2 生成剩余寿命样本,进而给出剩余寿命估计值,所得结果如表 5-1 所列,并进一步在图 5-6 中比较剩余寿命的概率密度函数与利用仿真样本得到的剩余寿命概率密度曲线。在本实验中,对式(5.19)中积分的计算采用的是组合辛普森公式。从表 5-1 和图 5-6 可以看出,本文所提出的剩余寿命抽样方法不仅使得基于样本的剩余寿命点估计精度高,而且基于样本的剩余寿命概率密度函数曲线与理论函数几乎重合。因此,算法 5.2 简单易行、准确度高。

表 5-1 贝叶斯方法与极大似然估计方法剩余寿命预测结果比较

序号	N_s	τ	λ	β	理论值	估计值	误差
1	100	20	1×10^{-8}	2	8.8423×10^{-3}	9.2020×10^{-3}	4.07%
2	1000	20	1×10^{-8}	2	8.8423×10^{-3}	8.5292×10^{-3}	3.54%
3	10000	20	1×10^{-8}	2	8.8423×10^{-3}	8.7814×10^{-3}	0.69%
4	10000	200	1×10^{-8}	2	8.6658×10^{-3}	8.6049×10^{-3}	0.70%
5	10000	200	1×10^{-6}	1.5	8.8527×10^{-3}	8.8455×10^{-3}	0.08%
6	10000	20	1×10^{-9}	3	698.9479	698.7149	0.03%

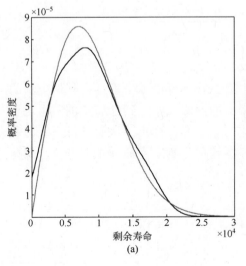

(a)

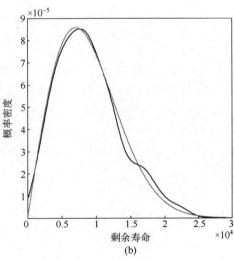

(b)

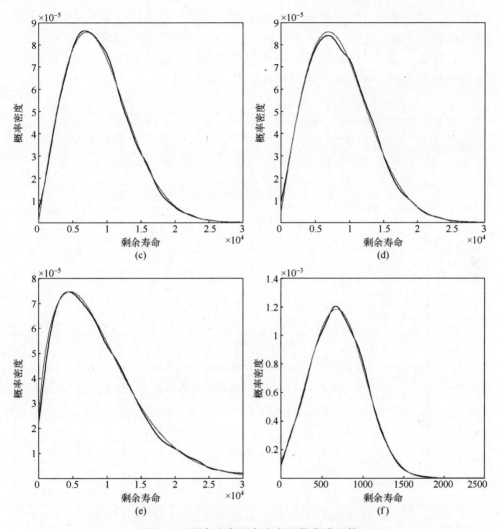

图 5-6 剩余寿命概率密度函数曲线比较

(a) 实验 1；(b) 实验 2；(c) 实验 3；(d) 实验 4；(e) 实验 5；(f) 实验 6。

通过针对在轨平台中四种系统结构的仿真抽样方法，可以得到系统寿命的样本，然后根据算法 5.2，可以再将寿命样本转化为剩余寿命样本，从而预测系统的剩余寿命。

4. 仿真实验

以在轨平台中常见的串联、并联、表决和冷备四种典型可靠性系统为研究对象,对于单机可靠性数据向系统上层的折算,当单机寿命服从指数分布和韦布尔分布时,已推导得到了解析式,包括韦布尔分布场合基于式(5.20)的近似算法;当单机寿命服从更一般的分布时,已提出了仿真算法。本节开展仿真实验验证这些折算方法的准确性。

1) 针对串联系统的仿真实验

假设某串联系统由 n 个服从相同韦布尔分布的单机构成,韦布尔分布参数为 λ 和 β,分别用解析式法、近似算法以及仿真方法,计算 τ 时刻处该串联系统的剩余寿命,并比较相应的运行时间。实验结果见表 5-2。

表 5-2 不同方法下串联系统的剩余寿命预测仿真实验结果

n	λ	β	τ	公式法 结果	公式法 耗时	近似法 结果	近似法 耗时	仿真法 结果	仿真法 耗时
4	10^{-4}	2	0	44.3133	<0.01	44.3133	<0.01	45.5932	0.4368
			10	35.8487	<0.01	35.8152	<0.01	35.6008	0.4212
			20	29.7235	<0.01	29.4499	<0.01	29.8118	0.4992
			30	25.1602	<0.01	24.2138	<0.01	25.1447	0.4056
	10^{-6}	3	0	56.2542	<0.01	56.2542	<0.01	56.1258	0.4524
			10	46.4496	<0.01	46.4475	<0.01	46.3132	0.4212
			20	37.5968	<0.01	37.5637	<0.01	37.8197	0.4212
			30	30.1236	<0.01	29.9551	<0.01	30.2424	0.4056
	10^{-9}	3	0	562.5418	<0.01	562.5618	<0.01	565.1217	0.5424
			50	512.8044	<0.01	512.8031	<0.01	513.1776	0.3900
			100	464.4960	<0.01	464.4754	<0.01	466.2832	0.3900
			200	375.9678	<0.01	375.6368	<0.01	378.5208	0.4056
10	10^{-4}	2	0	28.0250	<0.01	28.0250	<0.01	28.0016	0.9024
			5	23.6502	<0.01	23.6281	<0.01	23.7251	0.8580
			10	20.2783	<0.01	20.0945	<0.01	20.2946	0.8892
			15	17.6301	<0.01	16.9723	<0.01	17.3644	0.8892
	10^{-6}	3	0	41.4484	<0.01	41.4484	<0.01	41.4108	0.8892
			10	31.7897	<0.01	31.7754	<0.01	31.5981	0.9516
			20	23.6584	<0.01	23.4208	<0.01	23.7281	0.9204
			30	17.4573	<0.01	16.1248	<0.01	17.5239	0.9048

续表

n	λ	β	τ	公式法		近似法		仿真法	
				结果	耗时	结果	耗时	结果	耗时
10	10^{-9}	3	0	414.4844	<0.01	414.4844	<0.01	412.4637	0.8580
			50	364.9559	<0.01	364.9470	<0.01	366.5088	0.8892
			100	317.8968	<0.01	317.7537	<0.01	317.5275	0.9048
			200	236.5841	<0.01	234.2078	<0.01	235.3980	0.9048
20	10^{-4}	2	0	19.8166	<0.01	19.8166	<0.01	19.8544	1.7316
			5	15.6626	<0.01	15.6056	<0.01	15.7057	1.6848
			10	12.7577	<0.01	12.2618	<0.01	12.5924	1.7472
			15	10.6532	<0.01	8.7243	<0.01	10.6659	1.7472
	10^{-6}	3	0	32.8976	<0.01	32.8976	<0.01	32.8907	1.7940
			10	23.4109	<0.01	23.3740	<0.01	23.5795	1.7004
			20	16.0330	<0.01	15.3893	<0.01	15.9942	1.6848
			30	10.9722	<0.01	6.8336	<0.01	10.9465	1.7472
	10^{-9}	3	0	328.9765	<0.01	328.9765	<0.01	328.7407	1.7940
			50	279.7061	<0.01	279.6833	<0.01	278.8561	1.7784
			100	234.1093	<0.01	233.7405	<0.01	231.5662	1.8096
			200	160.3297	<0.01	153.8934	<0.01	160.3893	1.7940

综上可以得到以下结论。

(1) 对于近似方法，从所得结果中可以看出，当 τ 较小时，近似计算对结果精度影响不大；但当 τ 足够大时，造成 0 到 τ 时刻可靠度线性变化这一假设不再近似成立，对所得结果的精度产生一定影响。同时，相比仿真方法，该方法用得少，因而也非常高效。

(2) 对于仿真方法，所得结果的精度较高，但是大量的抽样使该方法效率低下。对于在轨平台这一复杂系统，其中包含了大量的串联结构。因此，如果对于所有串联系统均采用仿真方法，势必造成效率低下。

2) 针对并联系统的仿真实验

假定某并联系统由 n 个服从相同韦布尔分布的单机构成，韦布尔分布参数为 λ 和 β，分别利用解析式、近似方法以及仿真方法，计算时刻 τ 处并联系统的剩余寿命，并比较相应运行时间。详细结果如表 5-3 所列，所得结论与串联系统相似。

表 5-3 不同方法下并联系统剩余寿命预测结果的仿真实验

n	λ	β	τ	公式法 结果	公式法 耗时	近似法 结果	近似法 耗时	仿真法 结果	仿真法 耗时
4	10^{-4}	2	0	138.8505	<0.01	138.8505	<0.01	138.7116	0.4368
			10	128.8505	0.0468	128.8726	<0.01	128.7519	0.4056
			20	118.8508	0.0312	119.0245	<0.01	119.2872	0.4992
			30	108.8567	0.0312	109.4284	<0.01	109.0047	0.4368
	10^{-6}	3	0	123.3456	<0.01	123.3456	<0.01	123.4006	0.4368
			10	113.3456	<0.01	113.3487	<0.01	113.5017	0.4368
			20	103.3456	<0.01	103.3952	<0.01	103.1782	0.4212
			30	93.3456	0.0312	93.5942	<0.01	93.2912	0.4368
	2×10^{-5}	2	0	694.2526	0.0156	694.2526	<0.01	694.4355	0.5424
			50	644.2526	0.0312	644.3628	0.0156	644.9570	0.4212
			100	594.2541	<0.01	595.1224	<0.01	593.8095	0.4368
			200	494.5002	<0.01	501.0410	<0.01	496.3652	0.4368
10	10^{-4}	2	0	167.5724	0.0312	167.5724	0.0156	167.6317	0.9204
			5	162.5724	0.0312	162.5746	0.0312	162.5292	0.9360
			10	157.5724	0.0156	157.5899	0.0156	157.7081	0.9360
			15	152.5724	0.0312	152.6310	<0.01	152.7194	0.9516
	10^{-6}	3	0	140.4169	0.0156	140.4169	0.0156	140.4216	0.9828
			10	130.4169	0.0312	130.4169	0.0312	130.7861	0.9516
			20	120.4169	0.0156	120.4596	0.0156	120.3838	0.9360
			30	110.4169	0.0312	110.6311	0.0156	110.4310	1.0296
	2×10^{-5}	2	0	837.8620	0.0312	837.8620	0.0312	841.1310	0.9360
			50	787.8620	0.0156	787.9494	<0.01	788.9690	0.9672
			100	737.8620	0.0312	738.5510	<0.01	736.7889	0.9516
			200	637.8620	0.0156	643.0581	<0.01	636.5656	0.9516
15	10^{-4}	2	0	179.1420	0.0156	179.1420	0.0156	179.5239	1.6068
			5	174.1420	0.0156	174.1440	0.0156	174.7594	1.4976
			10	169.1420	0.0312	169.1582	0.0156	168.8918	1.3572
			15	164.1420	0.0312	164.1963	0.0156	193.9261	1.4196

续表

n	λ	β	τ	公式法		近似法		仿真法	
				结果	耗时	结果	耗时	结果	耗时
15	10^{-6}	3	0	146.9564	0.0156	146.9564	0.0156	146.8057	1.4352
			10	136.9564	0.0312	136.9590	0.0312	137.0980	1.4352
			20	126.9564	0.0312	126.9970	<0.01	127.2091	1.4352
			30	116.9564	0.0156	117.1602	<0.01	117.0590	1.4508
	2×10^{-5}	2	0	734.7820	0.0468	734.7820	0.0156	733.7373	1.4508
			50	684.7820	0.0312	684.7948	0.0156	685.5692	1.3728
			100	634.7820	0.0312	634.9852	0.0156	633.7462	1.3728
			200	534.7820	0.0312	537.9439	0.0156	533.8014	1.4352

3）针对表决系统的仿真实验

假定某 n 中取 m 表决系统由 n 个服从相同韦布尔分布的单机构成，分布参数为 λ 和 β，分别利用解析式、近似方法以及仿真方法，计算时刻 τ 处表决系统的剩余寿命。详细结果如表5-4所示，从中易知，实验结论总体上与串联系统的相似，但也发现了新的结论：由于表决系统结构比串联系统复杂，因此计算耗时也相对较长，并且通过比较公式法和近似法可以发现，近似方法提高了运算效率。

表5-4 不同方法下表决系统剩余寿命预测的仿真实验结果

(n,m)	λ	β	τ	公式法		近似法		仿真法	
				结果	耗时	结果	耗时	结果	耗时
(4, 2)	10^{-4}	2	0	99.5976	<0.01	99.5976	<0.01	99.4887	0.3744
			10	89.5980	0.0312	89.6292	<0.01	89.8214	0.3744
			20	79.6169	0.0312	79.8629	<0.01	79.7419	0.4368
			30	69.7748	0.0312	70.5779	<0.01	69.3209	0.4368
	10^{-6}	3	0	98.6916	<0.01	98.6916	<0.01	98.7039	0.4524
			10	88.6916	0.0312	88.6955	<0.01	88.8499	0.3588
			20	78.6918	0.0468	78.7542	0.0156	78.7014	0.3588
			30	68.6969	<0.01	69.0099	0.0312	68.8030	0.3588
	2×10^{-5}	2	0	497.9880	0.0312	497.9880	<0.01	500.8674	0.4056
			50	447.9898	0.0312	448.1462	<0.01	448.6820	0.4056
			100	398.0846	0.0312	399.3144	<0.01	397.9898	0.3432
			200	301.8133	0.0312	310.8598	<0.01	301.5968	0.3588

续表

(n,m)	λ	β	τ	公式法 结果	公式法 耗时	近似法 结果	近似法 耗时	仿真法 结果	仿真法 耗时
(10, 4)	10^{-4}	2	0	102.6629	0.0780	102.6629	0.0156	102.7568	0.8112
			5	97.6629	0.0624	97.6664	0.0156	97.5668	0.8112
			10	92.6629	0.0936	92.6914	0.0156	92.7510	0.8268
			15	87.6629	0.0468	87.7584	0.0312	87.4000	0.8112
	10^{-6}	3	0	101.3172	0.0624	101.3172	0.0156	101.1811	0.8268
			10	91.3172	0.0624	91.3209	0.0156	91.3893	0.8580
			20	81.3172	0.0780	81.3764	0.0156	81.4315	0.8424
			30	71.3172	0.0780	71.6139	0.0156	71.3603	0.9204
	2×10^{-5}	2	0	513.3143	0.0312	513.3143	0.0468	514.3826	0.8112
			50	463.3143	0.0312	463.4568	0.0312	463.0326	0.8736
			100	413.3143	0.0624	414.4374	0.0624	412.7265	0.8424
			200	313.3545	0.0312	321.8235	0.0468	312.6769	0.8580
(15, 8)	10^{-4}	2	0	83.7986	0.0624	83.7986	0.0312	83.8101	1.2792
			5	78.7986	0.0468	78.8030	0.0468	78.5174	1.2012
			10	73.7986	0.0468	73.8333	0.0468	74.0490	1.2480
			15	68.7986	0.0780	69.9149	0.0312	68.6061	1.2012
	10^{-6}	3	0	88.5558	0.0468	88.8558	0.0156	88.5704	1.2948
			10	78.5558	0.0780	78.5601	0.0468	78.5985	1.2636
			20	68.5558	0.0624	68.6223	0.0156	68.6597	1.3260
			30	58.5558	0.0624	58.8942	0.0156	58.4143	1.2480
	2×10^{-5}	2	0	518.9931	0.0312	418.9931	0.0468	418.7734	1.2168
			50	368.9931	0.0624	369.1664	0.0468	370.2080	1.2168
			100	318.9931	0.0624	320.3594	0.0468	318.9123	1.2792
			200	219.1217	0.0936	229.4239	0.0156	219.3294	1.2480

4）针对冷备系统的仿真实验

假设 n 中取 k 冷备系统的组成单机均服从参数相同的韦布尔分布，根据解析方法可给出剩余寿命的分布函数曲线，同时可根据仿真方法得到冷备系统 τ 时刻处的剩余寿命样本，从而得到基于仿真抽样的剩余寿命分布函数曲线，并分别计算由两种方法所得的剩余寿命点估计和 90% 置信水平下的区间估计，并比较相应的运行时间。详细结果参见表 5-5 和图 5-7。

表 5-5 韦布尔分布场合不同方法所得的冷备系统剩余寿命预测结果

实验	n	k	τ	λ	β	数值法			仿真法		
						点估计	区间估计	耗时	点估计	区间估计	耗时
1	4	2	10	10^{-4}	2	139.08	(70, 219)	0.03	139.11	(71, 217)	0.42
2	4	2	20	10^{-4}	2	129.08	(60, 209)	0.09	128.47	(59, 208)	0.41
3	4	2	40	10^{-4}	2	109.18	(40, 188)	0.16	109.50	(41, 191)	0.42
4	4	2	10	10^{-6}	3	67.48	(27, 91)	0.06	67.29	(26, 97)	0.04
5	5	3	20	10^{-4}	2	90.01	(39, 146)	0.14	90.32	(40, 147)	0.48
6	5	4	20	10^{-4}	2	50.16	(12, 94)	0.14	49.48	(11, 92)	0.48

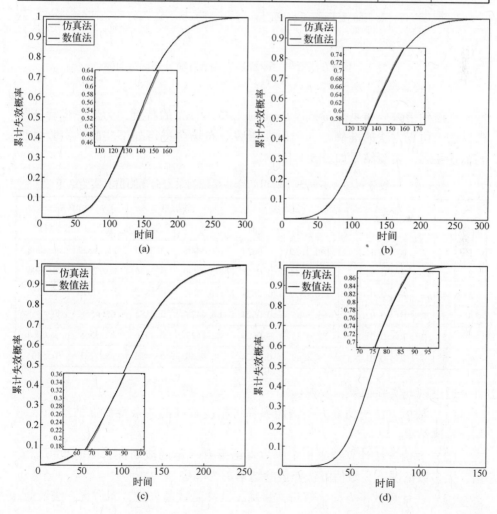

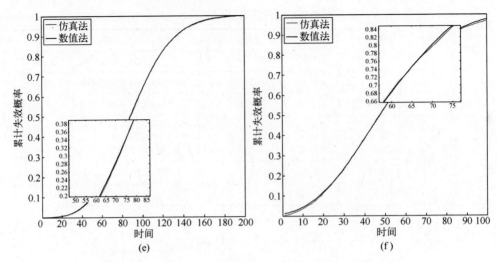

图 5-7 不同方法所得的冷备系统剩余寿命分布函数曲线
(a) 实验1；(b) 实验2；(c) 实验3；(d) 实验4；(e) 实验5；(f) 实验6。

考虑到指数分布是分布参数 $\beta=1$ 时韦布尔分布的特例，为进一步验证数值方法与仿真方法的准确性，因而在指数分布场合进行如下实验，实验过程与前述相同，实验结果如表 5-6 所列。

表 5-6 指数分布场合不同方法所得的冷备系统剩余寿命预测仿真实验结果

实验	n	k	τ	λ	β	公式法		数值法		仿真法	
						点估计	耗时	点估计	耗时	点估计	耗时
1	4	2	10	0.01	1	140.1639	0.0624	140.9003	0.2340	141.0837	0.4368
2	4	2	20	0.01	1	131.0811	0.0468	131.8230	0.3120	129.2323	0.5304
3	4	2	40	0.01	1	116.0377	0.0624	116.7947	0.1872	115.7513	0.4212
4	4	2	10	0.02	1	65.5405	0.0624	66.4478	0.2184	66.4558	0.4368
5	5	3	20	0.01	1	82.0225	0.0624	82.1537	0.4056	83.3568	0.6004
6	5	4	20	0.01	1	38.8889	0.0624	38.9069	0.3432	38.7281	0.5304

通过以上实验结果，发现：
（1）数值方法与仿真方法均能够提供精度较高的剩余寿命点估计和区间估计预测结果。
（2）数值方法计算结果稳定，仿真结果有一定的波动性，同时也可以看出，大多数情况下，数值方法提供的结果更为准确。
（3）在计算效率方面，解析式最高，其次是数值方法，而仿真方法最低。

5.2.2 系统多源验前信息的转化

单机的可靠性数据作为在轨平台系统剩余寿命预测的一类重要可靠性信息,可以通过将其向系统上一层级折算,作为系统可靠性数据的补充。除此之外,系统自身还有其他可靠性数据,如历史寿命数据、相似产品数据等。为充分利用不同类型的可靠性数据,可以通过贝叶斯理论将这些不同类型的系统可靠性数据进行融合,从而对在轨平台的剩余寿命进行预测。这就涉及系统不同类型的验前信息转化为验前分布的问题。

对于将单机可靠性数据折算到在轨平台系统所得的数据,将其视为一类验前信息。由 5.2.1 节内容可知,这类验前信息具有 3 种形式,包括:①寿命或剩余寿命点估计;②可靠度的点估计;③系统级寿命样本。如果折算数据是系统寿命、剩余寿命或可靠度的点估计,可将其转化为验前分布。如果折算数据是系统级寿命样本,则考虑将系统级寿命样本转化为系统级寿命的多阶矩,并通过最大熵方法确定验前分布。最大熵方法是在满足已知矩约束的条件下,通过要求概率密度函数的信息熵最大,得到被求解概率密度函数的估计。在满足已知信息约束的条件下,通过最大熵得到的分布是含有主观偏见最少的概率分布。基于最大熵方法所确定的概率密度函数为

$$\max \quad S = -\int_x \pi(x) \ln \pi(x) \mathrm{d}x$$

$$\text{s.t.} \begin{cases} \int_x \pi(x) \mathrm{d}x = 1 \\ \int_x x^i \pi(x) \mathrm{d}x = m_i (i=1,2,\cdots,M) \end{cases} \quad (5.37)$$

式中:m_i 为第 i 阶矩,可根据系统级寿命样本求得,$i=1,2,\cdots,M$,M 为矩的最高阶数。如此可将来自单机可靠性数据折算到系统所得的数据转化为系统级剩余寿命的一个验前分布。

对于系统自身还存在的其他可靠性数据,如历史寿命数据、相似产品数据、专家数据等,可将其视为其他类型的验前信息,并参看 4.1 节的内容,将其转化为相应的验前分布。

5.2.3 系统剩余寿命的贝叶斯估计

在将在轨平台系统各类验前信息转化为验前分布后,可参照基于多源信息融合的单机剩余寿命预测方法,给出综合验后分布:

$$\pi(\lambda,\beta \mid D) = \sum_{i=1}^{k} w_i \pi_i(\lambda,\beta \mid D)$$

式中：k 为验前信息的种类数量；λ 和 β 为在轨平台系统的寿命分布参数。基于这一综合验后分布，可开展在轨平台系统的剩余寿命点估计和区间估计的计算。

剩余寿命的点估计为

$$\begin{aligned}\mu_l &= \iiint_{t\,\beta\,\lambda} tf_l(t;\lambda,\beta)\pi(\lambda,\beta\mid D)\mathrm{d}\lambda\mathrm{d}\beta\mathrm{d}t \\ &= \iiint_{t\,\beta\,\lambda} tf_l(t;\lambda,\beta)\sum_{i=1}^{k} w_i \cdot \pi_i(\lambda,\beta\mid D)\mathrm{d}\lambda\mathrm{d}\beta\mathrm{d}t \\ &= \sum_{i=1}^{k} w_i \iiint_{\beta\,\lambda\,t} tf_l(t;\lambda,\beta)\pi_i(\lambda,\beta\mid D)\mathrm{d}t\mathrm{d}\lambda\mathrm{d}\beta \\ &= \sum_{i=1}^{k} w_i \iint_{\beta\,\lambda} E(L)\pi_i(\lambda,\beta\mid D)\mathrm{d}\lambda\mathrm{d}\beta\end{aligned} \quad (5.38)$$

式中：$E(L) = \int_0^\infty tf_l(t;\lambda,\beta)\mathrm{d}t$ 为式（4.29）中韦布尔分布场合剩余寿命的期望。易知，基于综合验后分布计算得到的剩余寿命点估计实际上等同于 k 个验后分布分别计算得到的剩余寿命点估计再加权求和后的结果，从而简化了信息融合后系统剩余寿命点估计的计算过程，即只要计算得到每个验后分布对应的剩余寿命点估计及其权重，便可得到最终基于综合验后分布所得的系统剩余寿命点估计。

对于剩余寿命区间估计，记置信水平 $100(1-\delta)\%$ 下剩余寿命的双侧置信区间为 $[\mu_L,\mu_H]$，其满足：

$$\int_0^{\mu_L} \left(\iint_\Theta f_l(t;\lambda,\beta)\pi(\lambda,\beta\mid D)\mathrm{d}\lambda\mathrm{d}\beta\right)\mathrm{d}t = \frac{\delta}{2} \quad (5.39)$$

$$\int_0^{\mu_H} \left(\iint_\Theta f_l(t;\lambda,\beta)\pi(\lambda,\beta\mid D)\mathrm{d}\lambda\mathrm{d}\beta\right)\mathrm{d}t = 1 - \frac{\delta}{2} \quad (5.40)$$

式中：$\int_0^{L_l} f_l(t;\lambda,\beta)\mathrm{d}t = \frac{\delta}{2}$，$\int_0^{L_H} f_l(t;\lambda,\beta)\mathrm{d}t = 1 - \frac{\delta}{2}$，$L_l$ 和 L_H 如式（4.30）所示。

由于综合验后分布的复杂性，很难给出剩余寿命点估计 μ_l 以及区间估计 μ_L 与 μ_H 的解析式，因而采用基于抽样的思想具体地计算在轨平台系统的剩余寿命点估计和置信区间，计算步骤如算法 5.3 所示。

算法 5.3

1. 令 $i=1$，从验后分布 $\pi(\lambda,\beta\mid D)$ 中生成随机样本序列 (λ_i,β_i)。
2. 将抽样 (λ_i,β_i) 代入 $E(L)$、L_l 和 L_H 中，生成样本：

$$\mu_l^i = \frac{\lambda_i^{\frac{1}{\beta_i}} \Gamma\left(1+\frac{1}{\beta_i}\right)\left[1-I_{\lambda_i\tau^{\beta_i}}\left(1+\frac{1}{\beta_i}\right)\right]}{\exp(-\lambda_i\tau^{\beta_i})} - \tau \quad (5.41)$$

$$\mu_L^i = \left(-\frac{1}{\lambda_i}\ln\left[(1-F(\tau))\left(1-\frac{\delta}{2}\right)\right]\right)^{\frac{1}{\beta_i}} - \tau \quad (5.42)$$

$$\mu_H^i = \left(-\frac{1}{\lambda_i}\ln\left[(1-F(\tau))\frac{\delta}{2}\right]\right)^{\frac{1}{\beta_i}} - \tau \quad (5.43)$$

即分别求得(λ_i, β_i)对应的剩余寿命点估计μ_l^i、置信区间下限μ_L^i以及置信区间上限μ_H^i。

3. 令$i=i+1$，重复步骤1和步骤2直至$i=s$。

最终根据得到的样本序列μ_l^i、μ_L^i以及μ_H^i，在平方损失函数下，便可求得剩余寿命的点估计μ_l，以及区间估计μ_L与μ_H，即

$$\mu_l = \frac{1}{s}\sum_{i=1}^{s}\mu_l^i \quad (5.44)$$

$$\mu_L = \frac{1}{s}\sum_{i=1}^{s}\mu_L^i \quad (5.45)$$

$$\mu_H = \frac{1}{s}\sum_{i=1}^{s}\mu_H^i \quad (5.46)$$

5.2.4 算例分析

本节针对某型号卫星平台，进行剩余寿命预测的算例分析。该型号卫星平台可分解为控制分系统等六大分系统，每个分系统又由众多单机组成。本例首先以控制分系统为例，说明单机可靠性数据向分系统层级的折算过程，再分析卫星平台系统层级的剩余寿命融合预测过程。需要说明的是，本算例中的单机没有给出具体名称，且所用数据仅为示例说明。

1. 控制分系统剩余寿命预测

1）可靠性建模

为便于控制分系统剩余寿命的计算，首先对控制分系统按照串联结构、并联结构、混联结构、表决结构和冷备结构进行拆分，从而建立控制分系统的可靠性框图。经拆分后，可知控制分系统由冷备后的单机A、冷

备后的单机 B、混联结构 1、表决备份后的单机 C、表决备份后的单机 D、混联后的单机 E、单机 N、单机 F 和单机 G 串联而成，拆分后的可靠性模型见图 5-8。

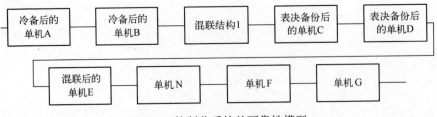

图 5-8 控制分系统的可靠性模型

其中，混联结构 1 由单机 H、单机 I 构成 2 中取 1 冷备系统，与单机 J 和单机 K 串联，再与混联后的单机 L、单机 M 并联构成，如图 5-9 所示；混联后的单机 E 由 2 个并联后的单机 E 再与 1 个单机 E 串联而成，如图 5-10 所示。

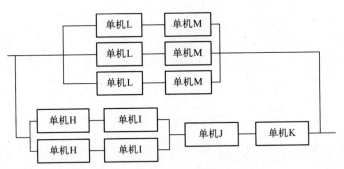

图 5-9 控制分系统中的混联结构 1

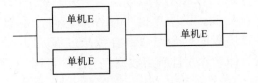

图 5-10 控制分系统中的混联单机 E

2）可靠性数据

控制分系统中所有单机都有可靠度预计时刻为 5 年时的专家数据，如表 5-7 所示。

表 5-7 控制分系统中单机的专家数据

单 机	专家数据	单 机	专家数据
单机 A	0.9	单机 B	0.94
单机 L	0.98	单机 M	0.99
单机 H	0.98	单机 I	0.99
单机 J	0.999	单机 K	0.99
单机 C	0.99	单机 D	0.95
单机 E	0.999	单机 F	0.99
单机 N	0.998	单机 G	0.999

3) 剩余寿命预测过程

以剩余寿命估计时刻为 $\tau=2$ 年为例进行说明,对于计算过程中的仿真运算部分,统一取样本数量为 5000。

(1) 确定冷备后单机 A 的寿命。

假设单机 A 的寿命服从韦布尔分布,现需要确定单机 A 的寿命分布并获取寿命样本。由于所有单机都经历了地面试验,且地面试验时间为 310h,故将单机 A 的所有在轨寿命数据加上 310h。单机 A 共收集到了专家数据、相似产品数据、历史产品数据等验前信息。

对于专家信息,取其对应的验前分布为负对数伽马分布,并记为
$$\pi_1(R_\tau) = \text{NLG}(a_1, b_1)$$
根据单机 A 工作 5 年的可靠度预计值 0.9,可得 λ 和 β 的验前分布为
$$\pi_1(\lambda,\beta) = \frac{1}{\beta_2-\beta_1} \frac{(b_1\tau^\beta)^{a_1}}{\Gamma(a_1)} \lambda^{a_1-1} \exp(-b_1\tau^\beta \lambda)$$
其中,$\lambda>0$,$\beta_1 \leq \beta \leq \beta_2$,$a_1=0.9271$,$b_1=8.3083$,$\beta_1=1$,$\beta_2=6$,$\tau=43800$。

经一致性检验后,所有验前信息都通过检验,故利用贝叶斯公式,融合所有验前信息和现场数据后,可得 λ 和 β 的综合验后分布为
$$\pi(\lambda,\beta \mid D) = 0.46\pi_1(\lambda,\beta \mid D) + 0.16\pi_2(\lambda,\beta \mid D) + 0.38\pi_3(\lambda,\beta \mid D)$$
式中:π_1、π_2、π_3 分别为专家数据、相似产品数据、历史产品数据的验后分布。根据综合验后分布 $\pi(\lambda,\beta \mid D)$,利用算法 5.1,可得到单机 A 的寿命样本。进一步利用冷备结构的折合方法,仿真得到冷备后单机 A 的寿命样本 S_1。

(2) 确定混联结构 1 的寿命。

混联结构由不同单机组成,需要依次计算寿命。

假设单机 H 的寿命服从韦布尔分布,现需要计单机 H 的寿命分布并获取

寿命样本。由于所有单机都经历了地面试验时间310h，故将所有在轨寿命数据加上310h。单机H共收集到了专家数据、相似产品数据、历史产品数据等验前信息。对于专家数据，取其验前分布为负对数伽马分布，根据其工作5年的可靠度预计值0.98，可得 λ 和 β 的联合验前分布为

$$\pi_1(\lambda,\beta) = \frac{1}{\beta_2-\beta_1} \frac{(b_1\tau^\beta)^{a_1}}{\Gamma(a_1)} \lambda^{a_1-1} \exp(-b_1\tau^\beta\lambda)$$

其中，$\lambda>0$，$\beta_1 \leq \beta \leq \beta_2$，$a_1=0.9847$，$b_1=48.2411$，$\beta_1=1$，$\beta_2=10$，$\tau=43800$。由于专家数据未通过一致性检验，故融合相似产品数据、历史产品数据和现场数据，利用贝叶斯公式得到 λ 和 β 的验后分布为

$$\pi(\lambda,\beta|D) = 0.17\pi_2(\lambda,\beta|D) + 0.83\pi_3(\lambda,\beta|D)$$

式中：π_2、π_3 分别为相似产品数据、历史产品数据的验后分布。根据综合验后分布 $\pi(\lambda,\beta|D)$，利用算法5.1，可得到单机H的寿命样本。进一步利用冷备结构的折合方法，仿真得到冷备后单机H与单机I的寿命样本 $S_{2,1}$。

类似地，可以得到单机J和单机K模块的寿命样本 $S_{2,2}$，以及单机L和单机M模块的寿命样本 $S_{2,3}$。最后，根据所提出的串联、并联系统的折合方法，由 $S_{2,1}$、$S_{2,2}$ 和 $S_{2,3}$ 得到混联结构1的寿命样本 S_2。

(3) 确定表决后单机C的寿命。

假设单机C的寿命服从韦布尔分布，现需要计算单机C的寿命分布并获取寿命样本。由于所有单机都经历了地面试验，且地面试验时间为310h，故将单机C的所有在轨寿命数据加上310h。单机C共收集到了专家数据、相似产品数据、历史产品数据以及在轨性能数据等验前信息。

对于专家数据，取其验前分布为负对数伽马分布，根据其工作5年的可靠度预计值0.99，可得 λ 和 β 的联合验前分布为

$$\pi_1(\lambda,\beta) = \frac{1}{\beta_2-\beta_1} \frac{(b_1\tau^\beta)^{a_1}}{\Gamma(a_1)} \lambda^{a_1-1} \exp(-b_1\tau^\beta\lambda)$$

其中，$\lambda>0$，$\beta_1 \leq \beta \leq \beta_2$，$a_1=0.9923$，$b_1=98.2324$，$\beta_1=1$，$\beta_2=6$，$\tau=43800$。

由于专家信息未通过一致性检验，利用贝叶斯公式，融合相似产品数据、历史产品数据、在轨性能数据和现场数据，得到 λ 和 β 的验后分布为

$$\pi(\lambda,\beta|D) = 0.01\pi_2(\lambda,\beta|D) + 0.47\pi_3(\lambda,\beta|D) + 0.52\pi_4(\lambda,\beta|D)$$

式中：π_2、π_3、π_4 分别为相似产品数据、历史产品数据、在轨性能数据的验后分布。根据综合验后分布 $\pi(\lambda,\beta|D)$，利用算法5.1，可得单机C的寿命样本。进一步利用表决结构的折合方法，仿真得到表决后单机C的寿命样本 S_4。

(4) 确定其他单机的寿命。

除上述单机外,控制分系统的其他单机都只提供了可靠度点估计形式的专家数据。类似地,直接根据专家信息进行剩余寿命预测,并获取相应的寿命样本。

4) 剩余寿命预测结果

通过上述过程,得到控制分系统中各部件工作 2 年时的剩余寿命点估计以及置信水平 0.7 下的置信区间,结果如表 5-8 所示。通过控制分系统中单机寿命样本的折算,得到控制分系统工作 2 年时剩余寿命的点估计为 7.11 年。

表 5-8 控制分系统的单机剩余寿命估计结果

单机名称	剩余寿命/年		
	点估计	置信下限	置信上限
单机 C	22.23	17.92	23.29
单机 H	12.05	9.68	12.40
单机 A	9.74	6.80	10.01
单机 F	28.15	14.01	43.12
单机 E	84.87	40.69	128.66
单机 D	13.52	7.23	20.21
单机 N	64.28	30.22	99.25
单机 I	27.25	13.35	41.40
单机 G	84.42	40.54	696.81
单机 K	28.29	14.96	42.91
单机 J	94.72	43.23	146.23
单机 B	12.28	6.67	18.67
单机 L	21.75	10.83	31.39
单机 M	29.79	14.42	44.89

2. 卫星平台系统剩余寿命预测

类似于控制分系统的计算过程,可得到其他分系统的寿命样本及相应的剩余寿命估计结果。由于该型号卫星平台由六大分系统串联而成,结合串联结构的特点,可以折算得到卫星平台全系统的寿命样本,并将其转化为全系统已工作 5 年时的可靠度点估计 0.7875。假设这一可靠度点估计服从负对数伽马分布，根据最大熵方法，可得：

$$\max H = -\int_0^1 \pi(R_\tau)\ln[\pi(R_\tau)]\mathrm{d}R_\tau$$

$$\text{s.t.} \int_0^1 R_\tau \pi(R_\tau)\mathrm{d}R_\tau = 0.7875$$

从而求解得到分系统折合信息所得的验前分布为

$$\pi_1(R_\tau) = \mathrm{NLG}(0.8633, 3.1367)$$

除了单机折算为全系统的可靠性点估计这一验前信息，还有相似产品数据和历史产品数据等其他验前信息。假设系统的寿命服从韦布尔分布，利用贝叶斯公式，融合多源信息得到 λ 和 β 的综合验后分布为

$$\pi(\lambda,\beta|D) = 0.30\pi_1(\lambda,\beta|D) + 0.29\pi_2(\lambda,\beta|D) + 0.41\pi_3(\lambda,\beta|D)$$

式中：π_1、π_2、π_3 分别为单机折算数据、相似产品数据、历史产品数据所对应的验后分布。然后基于综合验后分布，根据式（5.44）、式（5.45）和式（5.46），可计算得出卫星平台全系统的剩余寿命点估计和区间估计，其中当卫星平台工作 2 年时，所得的剩余寿命点估计及置信水平 0.7 下的置信区间估计结果见表 5-9。

表 5-9 系统剩余寿命点估计和区间估计

点 估 计	区 间 估 计	
	置信下限	置信上限
8.45	3.04	11.19

5.3 基于先折算再融合的系统剩余寿命预测方法

本节介绍基于先折算再融合的系统剩余寿命预测方法，具体流程如图 5-11 所示。

与 5.2 节所述方法不同，本节所述方法针对单机的不同类型可靠性数据，首先根据每种可靠性数据，获得相应的寿命分布，作为本节所提出预测模型的原始信息。记单机的数据类型数量和系统中的单机数量分别为 n 和 m，其中如果系统中大部分单机的可靠性数据都有 n 种，但如果某个单机的可靠性数据类型少于 n，则利用易于获得的专家数据（如可靠度估计值、寿命估计值等）来填补缺少的数据类型，保证每个单机都有 n 种可靠性数据。在确定单机 j 的第 i 种可靠性数据的寿命分布后，结合系统结构，将系统内每个单机的

第 i 种可靠性数据向上折算到系统级，构成系统的第 i 类验前信息，再将 n 种验前信息与系统的数据融合，从而对系统的剩余寿命进行预测，其中 $i=1,2,\cdots,n$；$j=1,2,\cdots,m$。

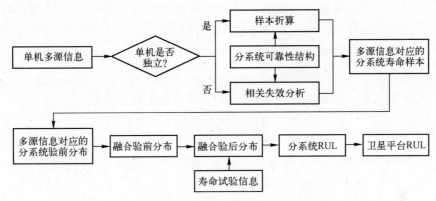

图 5-11　基于先折算再融合的系统剩余寿命预测方法流程

5.3.1　多源验前分布获取

本节介绍如何将单机的每种可靠性数据转化为系统寿命分布参数的验前分布，即单机的每种可靠性数据向系统层级的折算方法。考虑到对于单机的每种可靠性数据，已得到了相应的寿命分布，故折算这种可靠性数据的目标是给出系统对应这种可靠性数据的寿命分布。但由于系统结构的复杂性，在对单机的每种可靠性数据进行折算时，很难给出折算后系统的寿命分布解析式。为此，针对单机每种可靠性数据的折算，主要通过仿真抽样的方式开展。

在经典的系统可靠度评估和剩余寿命预测中，通常假设分系统中的多个部件彼此独立、互不影响。但实际上，在同一个环境下工作的单机往往容易相互影响。例如，环境温度的升高可能同时影响多个单机，某一单机的故障可能会引起其他单机的异常。因此，在对系统剩余寿命进行预测时考虑单机之间的相关性，可以更准确地表征系统内各单机之间的关系。本节分别考虑在单机互相独立和失效相关失效的情况下单机各类可靠性数据的折算，从而获取系统的多源验前分布。

1. 基于仿真的单机可靠性数据折算

不同可靠性数据下的验前样本处理过程相同，接下来，从单个数据类型的角度分析单机可靠性数据向系统折算的过程，即对应这一类数据下系统寿命样本的获取过程。

1) 单机独立情况下的样本折算

假设系统中的单机相互独立，这是一种比较理想的情况，单机的寿命样本可以直接通过系统结构折算到系统级，转化为系统的寿命样本。具体步骤如算法5.4所示。

算法5.4

> 给定单机 j 寿命的分布函数为 $F_j(t)$ 和单机寿命的样本量 k
> 1. 对于单机 j，在 0~1 生成连续均匀分布的 k 个随机数；
> 2. 对于每个随机数 α，令 $F_j(t) = \alpha$，即可得到1个寿命样本；
> 3. 对于系统中的所有 m 个单机，重复步骤1和步骤2，得到所有单机的寿命样本 $x_j(l)$，其中 $j = 1, 2, \cdots, m, l = 1, 2, \cdots, k$。

接下来，需要借助这些寿命样本将单机的可靠性数据折算到系统级。以串联、并联、表决和冷备这四种常见的可靠性结构为例，并分别用 Y_S、Y_P、Y_G、Y_C 表示串联结构、并联结构、表决结构和冷备结构的寿命样本集。对于串联结构、并联结构和 $r/m(G)$ 表决结构的系统寿命样本都比较容易获得，具体为

$$Y_S(l) = \min_m \{x_j(l)\} \tag{5.47}$$

$$Y_P(l) = \max_m \{x_j(l)\} \tag{5.48}$$

$$Y_G(l) = x_{(m-r+1)}(l) \tag{5.49}$$

其中，式（5.49）中的单元寿命样本 $x_{(m-r+1)}(l)$ 来自将所有样本升序排列后得到的样本集合，即 $x_{(1)}(l) \leq x_{(2)}(l) \leq \cdots \leq x_{(m)}(l)$。对于 m 中取 r 冷备结构，具体的寿命抽样方法步骤如下。

（1）对于第 j 个单机，从冷备系统中的单机寿命样本 $x_j(l)$ 中找到 m 个样本作为最先开始工作的单机，记为 $CL_j(l) = x_j(l)$，已失效的单机数 $p = 0$。

（2）找到 $\min CL_j(l)$，令 $CL_j(l) = CL_j(l) + x_{j+1+p}(l)$，更新 $p = p+1$。

（3）重复步骤2共 $m-r$ 次，直到系统的工作单机数量少于 r 个时，系统停止工作，得到系统寿命为 $Y_C(l) = \min CL_j(l)$。

（4）重复步骤1到步骤3共 k 次，得到冷备系统的寿命样本集 Y_C。

2) 单机不独立情况下的失效分析

假设系统中的单机相互不独立，这是一种更符合实际的情况，需要结合相关性分析来获取系统的寿命样本。

根据 Sklar 定理，统计学中的多元 Copula 函数能把多个边缘分布及其联合分布连接起来，模型通俗易懂，近年来已经成为相关性研究的主要方法之一。在考虑系统中各单机相关失效的研究中，由于同一个外部环境对单机的影响大多呈现正相关性，所以普遍采用阿基米德 Copula 函数族中的 Gumbel Copula 函数进行建模，其函数表达式为

$$C(u_1,u_2,L,u_m;\alpha) = \exp\left[-\left(\sum_{j=1}^{m}(-\ln u_j)^{\frac{1}{\alpha}}\right)^{\alpha}\right]$$

式中：α 为相关性参数且满足 $\alpha \in (0,1]$，用于描述变量的正相关程度，当 $\alpha=1$ 时，各变量之间互相独立。令 $F_j(t_j)=u_j$，$j=1,2,\cdots,m$，则联合分布函数可以用多个边缘分布函数表示为

$$F(x_1,x_2,\cdots,x_m) = C(F_1(x_1),F_2(x_2),\cdots,F_m(x_m))$$
$$= C(u_1,u_2,\cdots,u_m)$$

接下来，针对四种典型的系统结构，根据单机的边缘分布推导系统的累积分布函数。

(1) 对于考虑单机相关性的串联系统，必须所有单机均未失效才能使系统正常工作，其分布函数为

$$\begin{aligned}F_S(t) &= 1 - P(\min_m(X_j) > t)\\ &= 1 - P(X_1 > t, X_2 > t, \cdots, X_m > t)\\ &= 1 - \int_t^{\infty}\cdots\int_t^{\infty} f(x_1,x_2,\cdots,x_m) \mathrm{d}x_1 \mathrm{d}x_2\cdots \mathrm{d}x_m\\ &= 1 - \Delta_{F_1(t)}^{1}\Delta_{F_2(t)}^{1}\cdots\Delta_{F_m(t)}^{1} C(u_1,u_2,\cdots,u_m) \end{aligned} \quad (5.50)$$

其中 X_j 表示第 j 个单机的寿命，差分运算 $\Delta_{x_1}^{x_2} f(x,y_0) = f(x_2,y_0) - f(x_1,y_0)$ 能避免复杂的积分运算，减小计算量。

(2) 对于考虑单机相关性的并联系统，至少有一个单机未失效就能保证系统正常工作，其分布函数为

$$\begin{aligned}F_P(t) &= 1 - P(\max_m(X_j) > t)\\ &= P(X_1 \leq t, X_2 \leq t, \cdots, X_m \leq t)\\ &= C(F_1(t), F_2(t), \cdots, F_m(t))\end{aligned} \quad (5.51)$$

(3) 对于考虑单机相关性的 $r/m(G)$ 表决系统，只需有 r 个或 r 个以上数量的单机未失效，系统即可正常工作，其分布函数为

$$F_G(t) = 1 - \sum_{k=r}^{m}\binom{m}{k} P(X_1 > t, X_2 > t, \cdots, X_k > t, X_{k+1} \leq t, X_{k+2} \leq t, \cdots, X_m \leq t)$$

$$= 1 - \sum_{k=r}^{m} \binom{m}{k} \underbrace{\int_{t}^{\infty} \cdots \int_{t}^{\infty}}_{k\text{重}} \underbrace{\int_{0}^{t} \cdots \int_{0}^{t}}_{m-k\text{重}} f(x_1, x_2, \cdots, x_m) \mathrm{d}x_1 \mathrm{d}x_2 \cdots \mathrm{d}x_m$$

$$= 1 - \sum_{k=r}^{m} \binom{m}{k} \Delta_{F_1(t)}^{1} \Delta_{F_2(t)}^{1} \cdots \Delta_{F_k(t)}^{1} C(u_1, u_2, \cdots, u_k, F_{k+1}(t), F_{k+2}(t), \cdots, F_m(t))$$

(5.52)

(4) 对于考虑单机相关性的 m 中取 r 冷备系统，在工作状态下的单机失效后能被立即替换的条件下保持有 r 个单机正常工作，其分布函数为

$$F_C(t) = P\left(\sum_{j=1}^{m-r+1} X_j \leq t\right)$$

$$= \underbrace{\int_{0}^{t} \int_{0}^{t-x_1} \cdots \int_{0}^{t-x_1-\cdots-x_{m-r}}}_{m-r+1\text{重}} \frac{\partial^{m-r+1} C(F_1(x_1), F_2(x_2), \cdots, F_{m-r+1}(x_{m-r+1}))}{\partial F_1 \partial F_2 \cdots \partial F_{m-r+1}} \cdot$$

$$\prod_{j=1}^{m-r+1} \frac{\partial F_j(x_j)}{\partial x_j} \mathrm{d}x_1 \mathrm{d}x_2 \cdots \mathrm{d}x_{m-r+1}$$

$$= \underbrace{\int_{0}^{t} \int_{0}^{t-x_1} \cdots \int_{0}^{t-x_1-\cdots-x_{m-r}}}_{m-r+1\text{重}} c(F_1(x_1), F_2(x_2), \cdots, F_{m-r+1}(x_{m-r+1})) \prod_{j=1}^{m-r+1} f_j(x_j) \mathrm{d}x_1 \mathrm{d}x_2 \cdots \mathrm{d}x_{m-r+1}$$

(5.53)

其中，$c(F_1(x_1), F_2(x_2), \cdots, F_m(x_m)) = \dfrac{\partial^m C(F_1(x_1), F_2(x_2), \cdots, F_m(x_m))}{\partial F_1 \partial F_2 \cdots \partial F_m}$。

在构建相关性分析模型后，通过参数估计即可得到多元联合分布。参数估计主要有两种方法，分别是极大似然法和 Kendall 秩相关系数法，其中极大似然法的局限性较小，能够适用于更多的应用场景，所以此处采用此方法来估计参数。

根据 m 个单机的可靠性数据 $T = (t_1, t_2, \cdots, t_m)$，记每个单机的样本为 $t_j = (t_{j,1}, t_{j,2}, \cdots, t_{j,k})(j = 1, 2, \cdots, m)$，建立对数似然函数为

$$\ln L(T; \boldsymbol{\Omega}) = \ln \prod_{l=1}^{k} f(t_{1,l}, t_{2,l}, L, t_{m,l}; \boldsymbol{\Omega})$$

$$= \sum_{l=1}^{k} \ln \left(\frac{\partial^m C(F_1(t_{1,l}; \theta_1), F_2(t_{2,l}; \theta_2), L, F_m(t_{m,l}; \theta_m))}{\partial F_1 \partial F_2 L \partial F_m} \prod_{j=1}^{m} \frac{\partial F_j}{\partial t_j} \right)$$

$$= \sum_{l=1}^{k} \left(\ln c(F_1(t_{1,l}; \theta_1), L, F_m(t_{m,l}; \theta_m); \alpha) + \sum_{j=1}^{m} \ln f_j(t_{j,l}; \theta_j) \right)$$

(5.54)

式中：$\boldsymbol{\Omega} = (\theta_1, \theta_2, L, \theta_m, \alpha)$ 为联合分布函数的参数向量，其中 θ_j 表示单机 j 的

分布参数；α 为 Copula 函数中的相关性参数，$j=1,2,L,m$。由于式（5.54）的数学形式比较复杂，直接求解未知参数 Ω 的计算难度较大，此处考虑分阶段求解方法，即首先根据寿命数据 T 对 Ω 中的各个边缘函数分别进行估计，可得：

$$\hat{\theta}_j = \text{argmax} \sum_{l=1}^{k} \ln f_j(t_{j,l}; \theta_j) \tag{5.55}$$

其中，$j=1,2,L,m$。然后，代入参数估计值 $\hat{\theta}_1, \hat{\theta}_2, L, \hat{\theta}_m$ 并替换式（5.54）中边缘分布函数的参数值，并继续估计 α，可得：

$$\hat{\alpha} = \text{argmax} \sum_{l=1}^{k} \ln c(F_1(t_{1,l}; \hat{\theta}_1), L, F_m(t_{m,l}; \hat{\theta}_m); \alpha) \tag{5.56}$$

从而能够在简化计算量的前提下，得出参数向量 Ω 的极大似然估计值。当然，如果边缘分布函数的形式已明确，即 $\theta_1, \theta_2, L, \theta_m$ 已知，则只需根据式（5.56）估计 α 即可。

由此可以确定联合分布函数 $F(x_1, x_2, L, x_m; \Omega)$，并结合算法 5.4 进行抽样，获得系统的寿命样本。对于包含多个层级的复杂系统，只需根据系统结构进行逐层划分，这都可以采用以上方法分析。

2. 验前信息处理

通过单机不同类型可靠性数据的折算，可以得到整个系统相应的不同类型数据下的寿命样本集 $S_i(i=1,2,L,n)$，需要进一步将这些折算后的数据转化为验前分布的形式，从而便于融合系统自身的数据，对系统的剩余寿命进行预测。

对于不同可靠性数据类型下系统寿命的样本序列，考虑到在给定置信水平的情况下，寿命区间能够充分体现样本的分位特征，因而对于系统寿命样本，先从中估计得到寿命的置信区间，再利用置信区间将其进一步转化为验前分布。通过对系统寿命样本进行排序，在置信水平 $(1-\alpha)$ 下，易得寿命的 $100(1-\alpha)\%$ 置信区间为 $[Q_1, Q_2]$。然后，按照 4.2 节中将寿命置信区间形式的专家数据转化为验前分布的方法，获得第 i 类单机可靠性数据的验前分布 $\pi_i(\lambda, \beta)(i=1,2,\cdots,n)$。具体过程此处不再详述。

5.3.2 融合验后分布推导及系统剩余寿命预测

随着多源信息验前分布的获得，可利用贝叶斯公式，将各种验前信息与系统的现场数据进行融合，从而推导出融合多源信息的系统寿命分布参数的验后分布，再对系统的剩余寿命进行预测。具体方法与 5.2.3 节类似，在此不再赘述。

5.3.3 算例分析

本节以图 5-12 所示的某型号卫星平台某分系统为例进行算例分析。该分系统可以分为三个模块，分别由 S_1、S_2 和 S_3 表示，模块 S_1 与 S_2 并联，然后与模块 S_3 串联构成整个系统。进一步地，S_1 模块是由 3 个 C1 单机和 3 个 C2 单机构成的串并联结构；S_2 模块是由 2 个 C3 单机，1 个 C4 单机和 3 个 C1 单机组成的混联结构；S_3 模块是包含 3 个 C5 单机的 2/3(G) 表决结构。

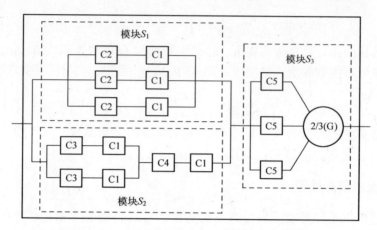

图 5-12 某型号卫星平台中某系统的可靠性框图

假设图 5-12 中所有单机都收集到相似产品数据、历史产品数据和在轨性能数据共 3 类可靠性数据，即 $n=3$，系统中的 5 种单机服从不同的寿命分布，且单机之间存在相关失效。具体地，单机 C1 和 C2 的寿命服从指数分布，单机 C3 和 C4 的寿命服从正态分布，单机 C5 的寿命服从韦布尔分布，其中韦布尔分布的分布函数如式（4.4）所示，正态分布的分布函数为

$$F(t;\mu,\sigma) = \int_{-\infty}^{t} \frac{1}{\sqrt{2\pi}\sigma} \exp\left[-\frac{(y-\mu)^2}{2\sigma^2}\right] dy$$

各单机在不同类型可靠性数据下的寿命分布 $F_{i,j}(t)$ 的分布参数如表 5-10 所示，其中 $i=1,2,3, j=1,2,\cdots,5$。由于单机 C2 的在轨性能数据和单机 C5 的相似产品数据都缺失，为此补充相应单机的可靠度预计值作为专家数据，并分别将单机 C2 和 C5 的专家数据转化为相应数据类型下的寿命分布，可确定参数取值为 $\lambda_{3,2}=4.9\times10^{-2}$，$\lambda_{1,5}=2.4\times10^{-5}$，$\beta_{1,5}=2.8$。

表 5-10 图 5-12 中系统各单机的寿命分布参数

单机类型	分布参数		
	相似产品数据	历史产品数据	在轨性能数据
C1	$\lambda_{1,1}=7.1\times 10^{-3}$	$\lambda_{2,1}=7.1\times 10^{-3}$	$\lambda_{3,1}=7.1\times 10^{-3}$
C2	$\lambda_{1,2}=5.2\times 10^{-2}$	$\lambda_{2,2}=5.0\times 10^{-2}$	（数据缺失）
C3	$\mu_{1,3}=25,\sigma_{1,3}=20$	$\mu_{2,3}=26,\sigma_{2,3}=15$	$\mu_{3,3}=30,\sigma_{3,3}=14$
C4	$\mu_{1,4}=35,\sigma_{1,4}=12$	$\mu_{2,4}=29,\sigma_{2,4}=5$	$\mu_{3,4}=32,\sigma_{3,4}=10$
C5	（数据缺失）	$\lambda_{2,5}=2.4\times 10^{-5},\beta_{2,5}=3$	$\lambda_{3,5}=2.2\times 10^{-5},\beta_{3,5}=3$

在系统层面，已知其寿命试验数据及失效状态如图 5-13 所示。接下来根据单机的各类可靠性数据和系统的寿命数据，对图 5-12 中系统的剩余寿命进行预测。

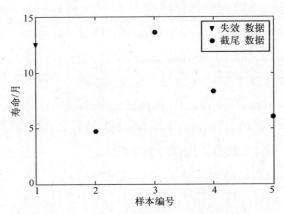

图 5-13 图 5-12 中系统的寿命试验数据

首先考虑单机各可靠性数据向系统层级的折算。根据寿命样本的获取方法，对于系统中单机失效相关的情况，结合 Copula 函数按照系统的可靠性结构推导其联合失效分布。对于模块 S_1，由式（5.50）可得单机 C1 和单机 C2 串联后的分布函数 $F_{12}(t)$ 为

$$F_{12}(t)=F_1(t)+F_2(t)-C(F_1(t),F_2(t))$$

再并联后，由式（5.51）可得 S_1 的分布函数 $F_{S1}(t)$ 为

$$F_{S1}(t)=C(F_{12}(t),F_{12}(t),F_{12}(t))$$

对于模块 S_2，由式（5.50）可得单机 C1 和单机 C3 串联后的分布函数 $F_{13}(t)$ 为

$$F_{13}(t) = F_1(t) + F_3(t) - C(F_1(t), F_3(t))$$

由式（5.51）可得并联后的分布函数 $F_{S21}(t)$ 为

$$F_{S21}(t) = C(F_{13}(t), F_{13}(t))$$

由式（5.50）可得单机 C1 和单机 C4 串联后的分布函数 $F_{14}(t)$ 为

$$F_{14}(t) = F_1(t) + F_4(t) - C(F_1(t), F_4(t))$$

再由式（5.50）可得其与 $F_{S21}(t)$ 串联后组成的 S_2 的分布函数 $F_{S2}(t)$ 为

$$F_{S2}(t) = F_{S21}(t) + F_{14}(t) - C(F_{S21}(t), F_{14}(t))$$

对于模块 S_3，由式（5.52）可得 3 个单机 C5 构成的 2/3(G) 表决结构的分布函数 $F_{S3}(t)$ 为

$$\begin{aligned}
F_{S3}(t) &= 1 - \sum_{k=2}^{3}\binom{3}{k}\Delta^1_{F_1(t)}\Delta^1_{F_2(t)}\cdots\Delta^1_{F_k(t)}C(u_1,u_2,\cdots,u_k,F_{k+1}(t),F_{k+2}(t),\cdots,F_m(t)) \\
&= 1 - 3\Delta^1_{F_5(t)}\Delta^1_{F_5(t)}C(u_5,u_5,F_5(t)) - \Delta^1_{F_5(t)}\Delta^1_{F_5(t)}\Delta^1_{F_5(t)}C(u_5,u_5,u_5) \\
&= 1 - 3(\Delta^1_{F_5(t)}(C(u_5,1,F_5(t)) - C(u_5,F_5(t),F_5(t)))) - \\
&\quad (\Delta^1_{F_5(t)}\Delta^1_{F_5(t)}(C(u_5,u_5,1) - C(u_5,u_5,F_5(t)))) \\
&= 1 - 3([C(1,1,F_5(t)) - C(1,F_5(t),F_5(t))] - \\
&\quad [C(F_5(t),1,F_5(t)) - C(F_5(t),F_5(t),F_5(t))]) - \\
&\quad \begin{pmatrix} ((C(1,1,1) - C(1,1,F_5(t))) - (C(1,F_5(t),1) - \\ C(1,F_5(t),F_5(t)))) - \\ ((C(F_5(t),1,1) - C(F_5(t),1,F_5(t))) - \\ (C(F_5(t),F_5(t),1) - C(F_5(t),F_5(t),F_5(t)))) \end{pmatrix} \\
&= 1 - 3(F_5(t) - 2C(F_5(t),F_5(t)) + C(F_5(t),F_5(t),F_5(t))) - \\
&\quad (1 - 3F_5(t) + 3C(F_5(t),F_5(t)) - C(F_5(t),F_5(t),F_5(t))) \\
&= 3C(F_5(t),F_5(t)) - 2C(F_5(t),F_5(t),F_5(t))
\end{aligned}$$

进一步对于整个系统，由式（5.50）和式（5.51）可得，模块 S_1 与模块 S_2 并联后再与模块 S_3 串联的分布函数 $F_S(t)$ 为

$$F_S(t) = C(F_{S1}(t), F_{S2}(t)) + F_{S3}(t) - C(C(F_{S1}(t), F_{S2}(t)), F_{S3}(t))$$

根据推导所得的系统寿命分布 $F_S(t)$，对于其中未知的相关性参数 θ，利用由每个单机的寿命分布随机抽取的 10 个寿命样本，对 θ 进行极大似然估计。如图 5-14 所示，当参数分别满足 $\theta_1 = 0.94$，$\theta_2 = 1$，$\theta_3 = 0.96$ 时，相应的对数似然函数值最大，其中信息源 1、信息源 2 和信息源 3 分别代表相似产品数据、历史产品数据和在轨性能数据。

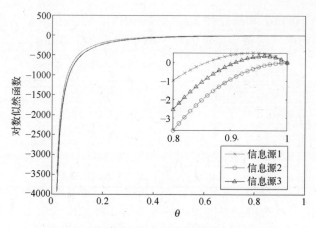

图 5-14　单机相关性参数的对数似然函数曲线

由此，确定了系统寿命分布 $F_S(t)$ 的具体形式，设置样本量 $k=1000$，利用算法 5.4 生成不同可靠性数据类型下的系统寿命样本，视为系统的多源验前信息。根据工程经验，认为图 5-12 中系统的寿命服从韦布尔分布，且形状参数 β 的取值范围是 $[2,10]$，即 $\beta \sim U(2,10)$。取验前分布的形式如（4.15）所示，可进一步将多源验前信息转化为相应的验前分布，并分别得到其中的超参数为 $a_1=0.91$，$b_1=12.07$；$a_2=0.95$，$b_2=10.91$；$a_3=0.94$，$b_3=11.62$。进一步融合图 5-13 中的现场数据，针对系统在时刻 $\tau=10$ 月处的剩余寿命，根据 5.3.2 节的内容，即可得到不同信息源的验后结果及其对应的权重 ω，最后计算系统的剩余寿命点估计和置信区间，可得系统寿命分布参数的验后分布如图 5-15 所示，置信水平 80% 下的剩余寿命置信区间如表 5-11 所示，其

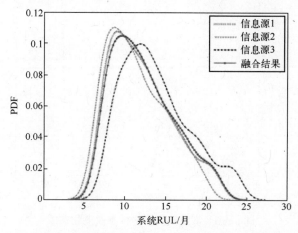

图 5-15　多源信息所得系统剩余寿命的概率密度函数及融合结果

中信息源 1、信息源 2 和信息源 3 分别代表相似产品数据、历史产品数据和在轨性能数据，PDF 代表概率密度函数，RUL 代表剩余寿命。

表 5-11 多源信息所得系统的剩余寿命预测结果

项　　目	α	RUL 点估计/月	RUL 置信区间/月	ω
信息源 1	0.94	12.10	[3.11,21.96]	0.36
信息源 2	1	11.42	[2.88,20.83]	0.37
信息源 3	0.96	13.83	[3.76,24.73]	0.27
融合结果	—	12.32	[3.20,22.30]	1

由表 5-11 可以看出，当由单机的各类可靠性数据获取系统的联合寿命分布时，估计得到的相关性参数 α 较大，说明该系统中单机之间的相关性较弱，且相似产品数据和历史产品数据对剩余寿命预测结果的影响较大，权重分别为 0.36 和 0.37，但在轨性能数据对结果的影响相对较弱，权重为 0.27。最终融合得到的预测结果为该系统在时刻 $\tau = 10$ 月处剩余寿命的点估计为 12.32 月，在置信水平 80% 下的区间估计为 [3.20,22.30] 月。

另外，在对该系统的剩余寿命进行仿真计算时，根据由系统寿命分布参数 λ 和 β 的联合验后分布所抽得的样本，可以计算对应的故障率。由于抽取的样本存在随机性，因此对故障率样本进行平滑处理，将所有样本分为 50 组，每相邻两组内所有样本取均值并绘制变化曲线，样本分布及平滑曲线如图 5-16 所示。可以看出，随着工作时间的增加，图 5-12 中系统发生故障的概率也随之增大，与韦布尔分布的失效率函数相吻合。

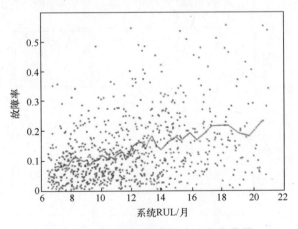

图 5-16 某系统故障率样本及变化曲线

第6章 在轨平台剩余寿命预测软件系统开发

6.1 软件系统概述

针对在轨平台的剩余寿命预测问题，为提高预测结果的精度，应充分利用在轨平台研制和使用过程中的各种可靠性信息。经过理论研究，本书提出了基于多源信息融合的单机和系统剩余寿命预测方法。为了便于工程实践，用于实际问题的应用，需要开发软件系统，借助计算机辅助工具完成相关计算。为此，本章讨论在轨平台剩余寿命预测软件系统的开发，以同步支持单机和平台剩余寿命预测工作的有效开展，适应在轨平台剩余寿命预测的迫切需求，为在轨平台的可靠性数据管理、剩余寿命预测以及运行管理与辅助决策提供方便快捷的科学依据。

本软件主要实现以下功能，包括：①基于在轨性能数据的在轨平台单机剩余寿命预测方法，完成特征参数选取与退化建模；②基于多源信息融合的单机剩余寿命预测方法，完成对单机的剩余寿命预测；③基于多源信息融合的在轨平台剩余寿命预测方法，完成对平台的剩余寿命预测。

本软件主要分为用户管理、数据管理、方法管理、剩余寿命预测，以及通用的软件图形界面用户交互和可视化可靠性结构建模共五个模块。各模块的主要研制目标为：

（1）用户管理模块主要对系统的使用者进行简单管理，包括用户的新增、删除、修改和查询功能。

（2）数据管理模块主要对专家数据、地面试验数据、在轨寿命数据、在轨性能数据、历史产品数据和相似产品数据等不同类型的在轨平台系统及各组成单机的数据进行采集、组织和存储，用于单机以及平台的剩余寿命预测，其中在轨性能数据可以实现实时监测和收集，需考虑这一类数据的数据量。

另外，为便于直观化展示，要通过产品树形式管理平台系统各层级的数据信息。

（3）可视化建模模块提供操作窗口，以便用户实现由单机到平台的可靠性结构建模，描述单机与平台的结构关系。

（4）方法管理模块主要为了实现各种单机和平台系统剩余寿命预测方法的可维护性，保证软件系统的扩展性。

（5）剩余寿命预测模块是本软件的核心功能模块，包括单机和平台系统的剩余寿命预测两个方面，主要通过调用各种相关的可靠性数据和预测方法，完成单机以及平台系统的剩余寿命预测，并通过图表等方式展示预测结果，同时可根据用户需求对每次预测结果进行保存，以便后续调用查询。

6.2 软件系统设计决策

6.2.1 系统研制要求与建设任务

按照软件的功能、性能和指标要求开发在轨平台剩余寿命预测软件系统，并完成相应的建设任务。

1. 功能研制要求

本软件系统的功能研制要求如表6-1所列，具体如下。

（1）具备用户各类信息新增、删除、查询和修改的能力。

（2）具备历史产品数据、地面试验数据、在轨数据、相似产品数据和专家数据等各类数据的导入、导出、增加、删除、查找、修改和打印功能。

（3）具备串联模型、并联模型、表决模型、冷备模型和混联模型的可视化建模功能，作为平台可靠性框图的描述工具，支撑平台剩余寿命的预测。

（4）具备方法导入、删除和测试的能力。

（5）具备单机和平台剩余寿命预测的能力，其中单机的剩余寿命预测包括基于在轨性能数据的剩余寿命预测和基于多源数据融合的剩余寿命预测。

表6-1 软件系统的功能研制要求

模块名称	功能列表	功能描述
系统管理模块	数据管理	用户管理、产品树管理、多源可靠性数据管理等
	方法管理	新增方法、修改方法、查询方法、删除方法、方法测试等

续表

模块名称	功能列表	功能描述
剩余寿命预测模块	单机剩余寿命预测	基于在轨性能数据的单机剩余寿命预测和基于多源信息融合的单机剩余寿命预测等两种方法
	平台剩余寿命预测	基于多源信息融合的平台剩余寿命预测

2. 性能研制要求

结合工程实际，明确本软件系统的性能研制要求如下。

（1）可融合的数据类型至少包括历史产品数据、在轨性能数据、相似产品数据、专家数据、在轨寿命数据和地面试验数据等。

（2）软件可适用于3种产品类型的单机剩余寿命预测，并不少于2类预测方法，以及1种平台的剩余寿命预测方法。

（3）可实现数据的可视化展示，人机界面友好，且软件对用户操作的响应速度不超过30s。

（4）可靠性：软件应能保证在剩余寿命预测运行3min内不出现故障，随时满足用户的需求，且软件输出完整可靠；同时要求软件系统在各种复杂条件下不至于彻底崩溃，或是将崩溃的可能性降到最低，即使系统出现错误也能用人工或自动的方法得到有效的解决。

（5）可扩展性：本软件系统资源将随着应用的发展而不断地扩充和增加，应具有良好的可扩展性，能导入实时产生的大量数据，并允许在使用过程中加入新的剩余寿命预测方法。

（6）易操作性：软件操作要简单、直观，同时要求尽可能地实现自动化处理，提高系统运行速度，减少使用人员的操作强度。

（7）可集成性：通过统一的、成熟的和标准化的服务端口，提高原有软件系统和新模块之间的有效集成能力，能够充分利用已开发的软件系统，减少重复开发。

（8）可重用性：实现异构数据的存储与管理，采用相对独立的功能设计模块，使软件具有功能模块化的特点，提高需求元模型与数据的重用性。

（9）易维护性：遵循特定的软件标准或规范，具备清晰的系统结构和命名规范、友好的错误提示信息、完备的系统配置管理以及系统版本管理，使系统能够易于维护。

（10）可移植性：本软件面向在轨平台管理部门的实践应用，因此本软件系统应具有一定的可移植性，以便与其他软件系统的结合，这就要求系统的开发环境是开放的,对各类计算机都有相应的数据库和开发环境支持。

3. 指标研制要求

在客户端用户界面方面,本软件系统要求:
(1) 有菜单及工具栏以便用户的操作。
(2) 数据库中存储的数据信息可在客户端由用户直接修改。
(3) 各类数据的统计分析结果可在屏幕上显示。
(4) 进行系统分析后的结果在另一窗口中显示。

在菜单格式方面,要求菜单项大致与 Windows 操作系统的标准相同。同时,根据用户单位的实际情况,再明确客户端的硬件和软件需求,以及服务器端的硬件和软件需求。

4. 质量研制要求

该软件系统还应满足健壮性、易用性和安全性等要求,包括需要满足运行稳定可靠、永久删除数据前由用户确认、数据库自动备份数据、数据库具有标准接口等。

5. 开发建设任务

按开发进度,本软件系统的建设任务包括:
(1) 完成在轨平台剩余寿命预测软件系统的设计和研制。
(2) 提出在轨平台剩余寿命预测软件系统的部署方案。
(3) 完成在轨平台剩余寿命预测软件系统的综合集成与测试。
(4) 完成在轨平台剩余寿命预测软件系统与其他分系统之间的接口调试与对接试验。
(5) 完成在轨平台剩余寿命预测软件系统用户方的接口集成测试,提供全部测试工具、测试大纲及测试用例。
(6) 能够满足用户技术指标调整的要求,完成本软件系统和用户方系统的联调和试验。

6.2.2 系统部署方案

在轨平台剩余寿命预测软件系统部署运行在局域网环境下,由前台显示和后台计算服务两部分组成,如图 6-1 所示。

前台显示对应若干个用户席位、一个业务操作席位、一个用户管理席位、一个数据管理席位、一个方法管理席位、一个可靠性建模席位、一个单机剩余寿命预测席位与平台剩余寿命预测席位,每个席位配置一台工作站级别的计算机。

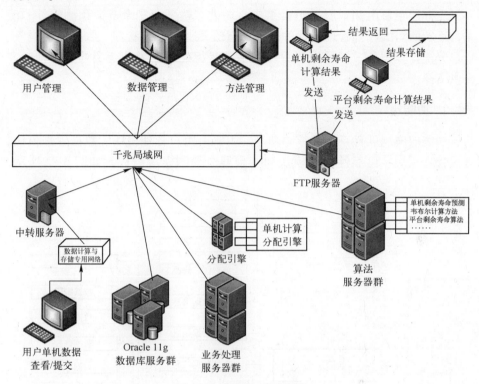

图6-1 软硬件部署关系

后台计算服务由数据库服务器集群、业务处理服务器集群、分配引擎、算法服务器集群和服务器组成。在功能上,数据库服务器集群管理软件使用过程中产生的各类业务数据,业务处理服务器集群协调处理各类业务,分配引擎主要进行多响应下的运算分配,算法服务器集群主要进行算法计算,服务器提供文档类传输服务。

6.3 软件系统体系结构设计

6.3.1 软件总体体系结构

在轨平台剩余寿命预测软件系统采用功能分层、插件式扩展、平台集成的设计思路,技术架构由支撑层、功能层和用户层构成,相关内涵具体如下。

1. 支撑层

支撑层主要由基础服务平台组成,提供在轨平台剩余寿命预测软件系统正常运转所需的安全管理、插件管理、通信管理、日志管理、数据访问服务、专业分析计算服务、初始配置管理等基础运行设施,为功能层处理各种业务提供支撑。

2. 功能层

功能层实现软件系统的核心功能,主要由用户管理模块、数据管理模块、方法管理模块、可靠性建模模块和剩余寿命预测模块组成,如图 6-2 所示。

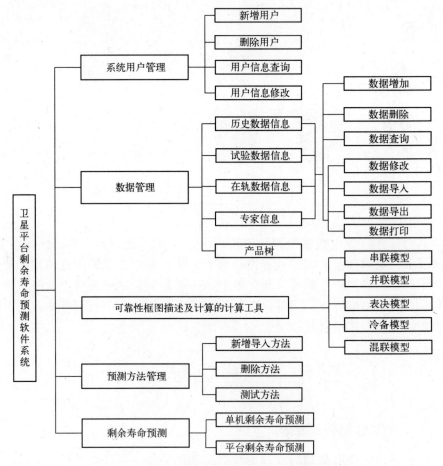

图 6-2 在轨平台剩余寿命预测软件系统功能结构

负责所有资源管理及监控相关业务的处理,以及对用户从开始创建单机至最终得到平台剩余寿命预测结果的全过程相关业务处理。

3. 用户层

用户层主要用于提供用户界面,支持工作模式界面定制、角色界面定制、界面布局保存与恢复、工作清单管理等功能,通过制定通用的服务协议和开发标准接口,实现系统的快速构建和部署,方便用户快速、准确地进行资源管理和业务处理。

6.3.2 软件各子系统

如图6-3所示,在轨平台剩余寿命预测软件系统可分解为两个子系统,具体由用户管理、数据管理、方法管理、可靠性建模、单机剩余寿命预测与平台剩余寿命预测等组成。

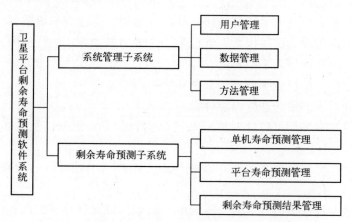

图6-3 在轨平台剩余寿命预测软件系统模块组成

1. 系统管理子系统

系统管理子系统主要负责用户管理、数据管理以及方法管理,支持扩展在轨平台的各种单机数据和预测方法,以及用户信息,其中数据管理模块用于采集各类单机与平台的组成信息,包括在轨平台各单机的编号、名称、工作轨道、工作模式、性能参数、失效阈值等基本信息,方法管理模块用于动态插件化式管理和使用各种预测算法,包括单机剩余寿命预测方法和平台剩余寿命预测方法。

2. 剩余寿命预测子系统

剩余寿命预测子系统主要负责单机剩余寿命预测管理、平台剩余寿命预测管理、可靠性模型建立管理以及剩余寿命预测结果管理等。单机剩余寿命预测管理主要负责预测单机的剩余寿命，包括基于在轨性能数据的剩余寿命预测和基于多源信息融合的剩余寿命预测，平台剩余寿命预测管理主要负责预测在轨平台的剩余寿命，寿命预测结果管理主要负责预测结果的查看、打印、报告输出等操作。

6.3.3 执行方案

在轨平台剩余寿命预测软件系统内部各模块之间均有数据流动，该软件系统的主要工作流程如图 6-4 所示，具体描述如下。

（1）超级用户创建基本用户，并为基本用户赋权。
（2）基本用户进入系统开始建立基本产品树，并建立单机数据。
（3）用户可以对该单机数据进行系统内置的基本算法进行检测。
（4）用户开始导入不同算法。
（5）用户将单机数据归类为某个在轨平台。
（6）针对不同平台建立可靠性模型。
（7）建立模型后可以针对模型进行单机剩余寿命预测以及在轨平台系统的剩余寿命预测。
（8）计算完毕后结果可保存在软件中，用户可以随时进行检查或者导出报告。
（9）软件可以实时导入对应平台的在轨数据以保证计算的准确性。

6.3.4 接口设计

完成本软件数据库与外部数据库导出的 Excel 文件对接，使得软件内的数据可通过 Excel 文件以设定的固定模板导出，并做好与现有相关数据库的接口，具备数据的过滤和统计分析功能，相关接口的具体信息如表 6-2~表 6-8 所示。

1. 外部接口设计

外部接口的具体信息如表 6-2~表 6-7 所示。

第6章 在轨平台剩余寿命预测软件系统开发

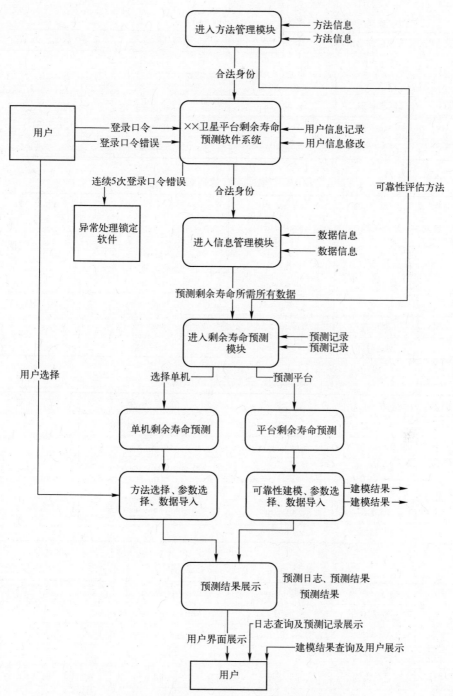

图6-4 在轨平台剩余寿命预测软件系统顶层数据工作流

表6-2 历史产品数据输入项

序号	信息类型	编码	数据类型	说明
1	数据ID	ID	Variable characters(64)	
2	创建者	create_user	Variable characters(256)	
3	创建时间	create_time	Timestamp	
4	寿命数据	life	Integer	按小时计算
5	是否失效	isInvalid	Boolean	

表6-3 地面实验数据输入输出项

序号	信息类型	编码	数据类型	说明
1	实验数据ID	testDataID	Variable characters(100)	
2	实验类别	testType	Variable characters(50)	热真空实验 热循环实验
3	实验时间	testTime	Timestamp	
4	是否通过实验	isPassed	Boolean	默认为通过
5	创建者	create_user	Variable characters(256)	
6	创建时间	create_time	Timestamp	

表6-4 在轨性能数据输入项

序号	信息类型	编码	数据类型	说明
1	在轨数据ID	orbitDataId	Variable characters(100)	
2	监测时刻	data_get_time	Timestamp	
3	参数名称	param_name	Variable characters(100)	
4	遥测数据	value	Float(10)	
5	创建者	create_user	Variable characters(256)	
6	创建时间	create_time	Timestamp	

表6-5 在轨寿命数据输入项

序号	信息类型	编码	数据类型	说明
1	数据ID	ID	Variable characters(64)	
2	创建者	create_user	Variable characters(256)	
3	创建时间	create_time	Timestamp	
4	寿命数据	life	Integer	按小时(h)计算
5	是否失效	isInvalid	Boolean	

表6-6 相似产品数据输入项

序号	信息类型	编码	数据类型	说明
1	数据ID	ID	Variable characters(64)	
2	创建者	create_user	Variable characters(256)	
3	创建时间	create_time	Timestamp	
4	寿命数据	life	Integer	按小时(h)计算
5	是否失效	isInvalid	Boolean	
6	相似因子	similar_factor	Float(10)	

表6-7 专家数据输入项

序号	信息类型	编码	数据类型	说明
1	专家数据ID	professorDataId	Variable characters(100)	
2	预计时刻	createTime	Timestamp	
3	预计值	value	Variable characters(100)	
4	创建者	create_user	Variable characters(256)	
5	创建时间	create_time	Timestamp	

2. 内部接口设计

内部接口的具体信息如表6-8所列。

表6-8 内部接口输入输出项

序号		信息类型	编码	数据类型	说明
1	输入	实体唯一标识符	entity_id	Decimal	
2		型号	entity_parent	Decimal	
3		实体名称	entity_name	Variable characters(256)	
4		实体型号	entity_xh	Variable characters(256)	
5		所属分系统	sysType	Variable characters(100)	
6		工作模式	work_mode	Variable characters(100)	串联、并联、混联、冷备等
7		是否到寿	isDead	Boolean	
8		寿命服从分布类型	fblx	Variable characters(100)	韦布尔分布、指数分布、二项分布等
9		是否连续工作	isWorkAlways	Boolean	

续表

序号		信息类型	编码	数据类型	说明
10	输入	失效阈值	invalidValue	Float(10)	
11		剩余寿命预测时刻	sub_lifetime	DateTime	
12		置信水平	confidence_level	Float(10)	
13		历史产品数据	history_data	List	
14		相似因子	extends_factor	Float(10)	
15		方法ID	fun_id	Decimal	
16		方法名称	fun_name	Variable characters(256)	
17		方法文件名	fun_file_name	Variable characters(256)	
18		方法类型	fun_type	Variable characters(256)	
19		方法文件所在地址	fun_file_path	Variable characters(256)	
20		数据ID	lifeDataId	Variable characters(100)	
21		寿命	life	Integer	单位为h
22		是否失效	isInvalid	Boolean	
23		创建者	create_user	Variable characters(256)	
24		创建时间	create_time	Timestamp	
25		在轨数据ID	orbitDataId	Variable characters(100)	
26		在轨时刻	createTime	Timestamp	
27		轨道根数	value	Variable characters(100)	
28		遥测数据	value	Variable characters(100)	
1	输出	关键字	success/failed	Variable characters(256)	计算成功或者失败的标识
2		计算结果列表	result	List	将计算后的数据返回到列表界面显示

6.4 软件系统详细设计

从系统管理子系统和剩余寿命预测子系统两个方面分别介绍软件系统的详细设计。

6.4.1 系统管理子系统

系统管理子系统主要指本系统的基本运行数据与流程管理,由用户管理模块、数据管理模块和方法管理模块组成。

1. 用户管理模块

用户管理模块主要负责用户注册、用户授权、用户认证、用户数据保留等功能,对使用该系统的用户进行身份核验与注册,依据系统预置的处理流程,驱动相关模块与软件系统完成各类校验处理,数据流如图 6-5 所示,处理过程如图 6-6 所示,具体说明如下。

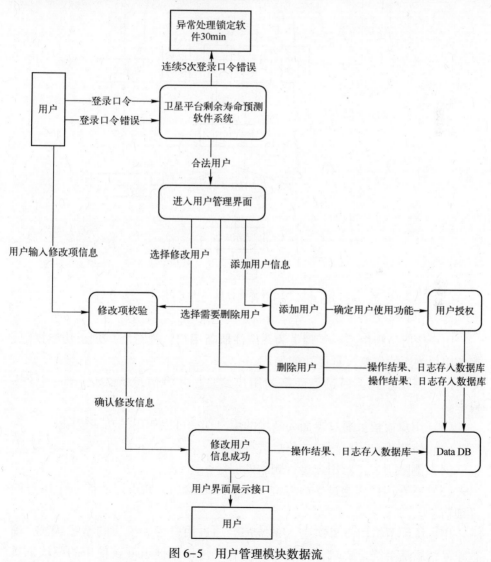

图 6-5 用户管理模块数据流

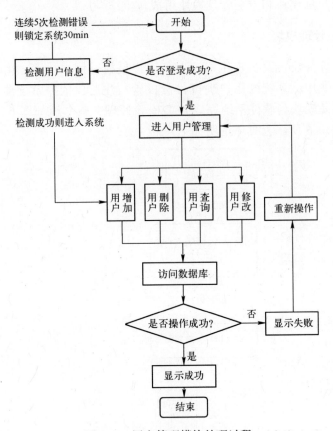

图 6-6 用户管理模块处理过程

用户注册是指由系统管理员为系统注册新用户，为新用户赋予功能权限，管理用户关注的信息，具体功能如下。

（1）新增用户：通过界面新增用户信息，并将信息持久化存储到计算机中。

（2）用户授权：通过界面为新增的用户选择可以使用的功能权限。

（3）修改用户：对用户的信息进行修改。

（4）删除用户：对用户进行删除处理。

（5）查看用户：通过界面查询一批用户的信息，并可以查看每个用户的详细信息。

用户认证是指用户每次进入系统都会通过用户管理模块的系统认证，确认账号密码是否符合要求，并通过对应的账号信息推送可以使用的模块，具体功能为用户初次进入软件系统时，需要进行账号密码检验后再进入软件进行操作，若验证信息连续出现 5 次错误则会进入锁定状态，锁定状态持续 30min，每次用户完成的操作都会保存到系统日志文件中。

2. 数据管理模块

数据管理模块主要接受用户输入或者外部导入的内容，对数据进行分类管理，主要分为单机数据和在轨平台数据，为软件系统进行剩余寿命的预测提供原始依据。

单机数据管理主要包括如下信息。

（1）单机的基本信息，包括单机产品的编号、名称、工作轨道、工作模式、性能参数、失效阈值等基本信息。

（2）单机的工作模式：按照"系统—子系统—单机"的在轨平台系统结构层次，对在轨平台的可靠性结构进行分解，建立单机的工作模式信息，包括并联、串联、表决、冷备等，以便在轨平台系统可靠性框图模型的建立。

（3）单机的可靠性数据，包括历史产品数据、专家数据、在轨寿命数据、在轨性能数据和地面试验数据，并可进行可靠性数据的存储、修改、删除和打印。

在轨平台数据管理主要包括如下信息。

（1）在轨平台的基本信息，包括所有在轨平台的编号、名称、工作轨道和工作模式等基本信息。

（2）在轨平台的工作模式，即按照在轨平台的可靠性结构，结合其任务剖面，明确在轨平台各类单机的工作模式，以便平台可靠性框图的建立，并对平台的可靠性结构信息进行描述。

（3）在轨平台的可靠性数据：包括历史产品数据、专家数据、在轨寿命数据、地面试验数据、相似产品数据和在轨性能数据，并可在数据管理模块中实现可靠性数据的存储、修改、导入、导出和打印等。

针对以上数据管理内容，软件系统可将数据管理模块划分为产品树管理、基本信息采集与管理、历史产品数据管理、地面试验数据管理、在轨数据管理与专家数据管理共六大管理功能，如图 6-7 所示。

3. 方法管理模块

方法管理模块主要针对本软件系统中的核心算法进行插件化管理，将算法作为可扩展的平台进行开放，用户可以根据指定接口将对应算法文件加入软件系统中，并对该算法进行测试。另外，需要管理的算法又分为单机剩余寿命预测方法和平台剩余寿命预测方法两类，其数据流如图 6-8 所示，处理过程如图 6-9 所示，具体功能如下。

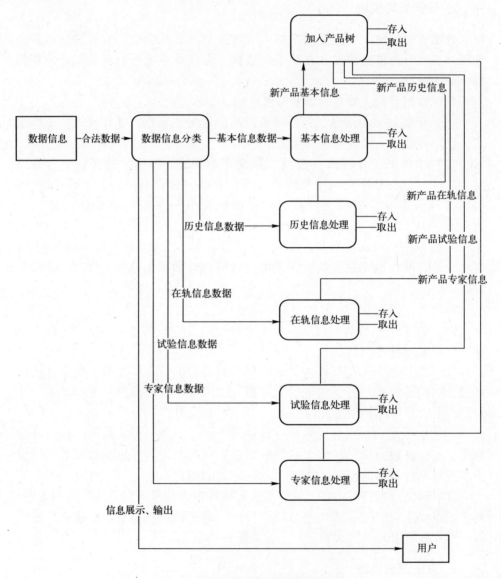

图 6-7　数据管理模块数据流程图

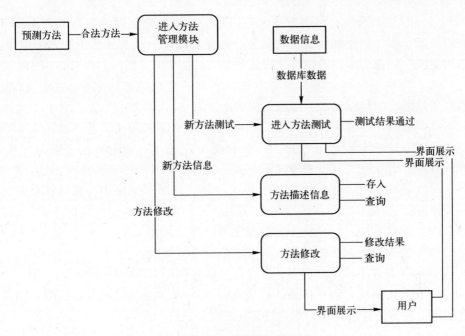

图 6-8　方法管理模块数据流

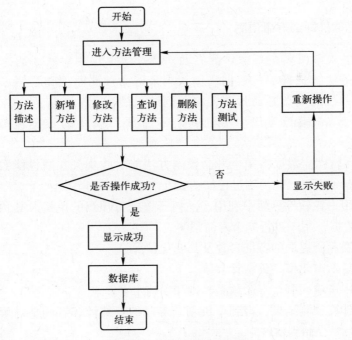

图 6-9　方法管理处理过程

（1）单机剩余寿命预测方法，包括基于在轨性能数据的剩余寿命预测方法以及基于多源信息融合的单机剩余寿命预测方法，相关信息包括方法名称、适用单机、数据需求、输出结果形式等。

（2）在轨平台剩余寿命预测方法，相关信息包括方法名称、方法原理、多源信息融合的数据需求、输出结果等。

除此之外，还要提供对两类单机剩余寿命预测方法，以及在轨平台剩余寿命预测方法的分类以及管理功能，包括方法描述、新增方法、修改方法、查询方法、删除方法、方法测试等。

（1）新增方法：用户将算法插件通过界面新增至系统中，系统挂载其算法文件进行计算。

（2）删除方法：用户将指定的方法进行删除操作。

（3）修改方法：用户对指定的方法信息进行修改。

（4）查询方法：用户可查看符合自己权限内的方法。

（5）方法测试：用户将最新算法文件导入到软件后利用标准的数据对新算法进行测试，验证其运行稳定性和正确性。

6.4.2 剩余寿命预测子系统

（一）单机剩余寿命预测

用户进入单机剩余寿命预测界面，选择单机预测对象，选择单机剩余寿命预测方法，选择单机数据，输入剩余寿命预测时刻和置信水平，调用软件进行单机的剩余寿命预测，将预测结果展示到软件界面，并能将结果以指定的 Word 模板导出。单机剩余寿命预测模块的数据流如图 6-10 所示。

基于在轨性能数据的剩余寿命预测方法能对收集到在轨性能数据的单机进行剩余寿命预测，其预测过程如图 6-11 所示，具体说明如下。

（1）用户在软件界面中利用产品树，选择待预测的单机及其预测所需的在轨性能数据，用于进行剩余寿命预测。

（2）展示所提取的特征参数及其变化情况。

（3）显示退化模型的估计参数。

（4）用户输入剩余寿命预测时刻和置信水平。

（5）计算预测结果，得到单机剩余寿命的点估计和区间估计等结果，并根据用户需要存储到软件中。

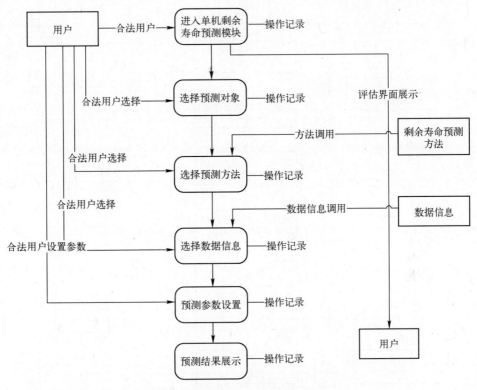

图 6-10 单机剩余寿命预测模块数据流

基于多源信息融合的单机剩余寿命预测方法能融合单机的历史产品数据、相似产品数据、专家数据、地面试验数据、在轨性能数据和在轨寿命数据，完成单机剩余寿命的融合预测。基于多源信息融合的单机剩余寿命预测过程如图 6-12 所示，具体说明如下。

(1) 用户利用产品树，选择待预测的单机，软件调用该单机的所有不同类型可靠性数据，包括历史产品数据、相似产品数据、专家数据、地面试验数据、在轨性能数据和在轨寿命数据等。

(2) 如果单机的可靠性数据中包括相似产品数据，则软件结合用户操作更新该单机各个相似产品的相似因子。

(3) 用户选择单机的寿命分布，包括指数分布、韦布尔分布等。

(4) 用户输入显著性水平，对每类验前信息与现场信息进行一致性检验。

(5) 根据验前信息与现场数据的一致性检验结果，提示用户通过一致性检验的验前信息类型。

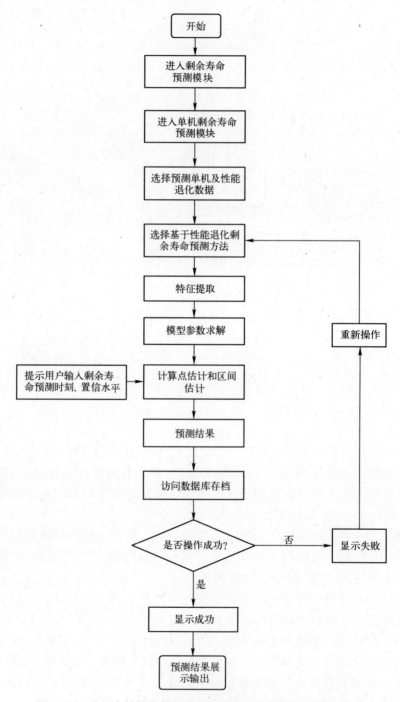

图 6-11 基于在轨性能数据的单机剩余寿命预测方法处理过程

第 6 章 在轨平台剩余寿命预测软件系统开发

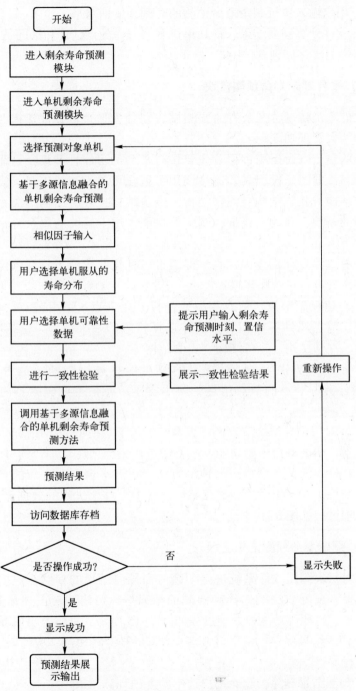

图 6-12 基于多源信息融合的单机剩余寿命预测方法处理过程

（6）用户输入单机剩余寿命预测的时刻和置信水平。

（7）软件计算预测结果，得到单机剩余寿命的点估计和区间估计等结果，并根据用户需要存储到软件中。

（二）平台剩余寿命预测模块

本软件系统将平台剩余寿命预测模块划分为平台可靠性建模与平台剩余寿命预测两大管理功能。

平台的剩余寿命预测过程首先要进行平台的可靠性建模，这需要借助可视化的可靠性框图建模工具。通过调用可视化可靠性建模工具，完成在轨平台的串联结构、并联结构、混联结构、冷备结构、表决结构等关系建模，并实现模型的新增、修改、查询、删除等功能，用于后续的剩余寿命预测，主要功能如下。

（1）构建可视化的建模工具，即通过可视化的建模工具在软件系统中通过拖曳的方式进行可视化建模。

（2）新建模型节点：依次相应地选择开始节点、结束节点、单机产品、关系模型、节点属性等模型要素，并选择相应的系统结构，包括串联结构、并联结构、混联结构、冷备结构、表决结构等。

（3）删除模型节点：针对指定的节点信息进行判断，是否含有子节点，删除含有子节点的节点信息，若不含子节点信息则删除当前叶子节点信息。

（4）针对用户选择的节点，可查看和展示节点模型的详细信息。

在轨平台剩余寿命预测功能，主要通过调用当前在轨平台的可靠性数据，利用导入软件中的平台剩余寿命预测方法，得到平台剩余寿命的点估计和区间估计等结果，并根据用户需要存储到软件中。整个过程的数据流如图6-13所示，处理过程如图6-14所示。

（三）剩余寿命预测结果管理

完成对每次调用软件系统进行剩余寿命预测结果的存储，包括预测所用数据的选择、预测方法的选择和预测的结果等，可实现对上述信息的查询、删除、增加、打印等功能，处理过程如图6-15所示，具体说明如下。

（1）预测结果保存：将平台或者单机的剩余寿命结果以及其他方法的计算结果进行保存。

（2）预测结果删除：删除用户选中的各项计算结果。

(3)预测结果查看:查看用户选择的预测结果详细信息。
(4)预测结果打印:连接打印机后打印用户选中的预测结果详细信息。

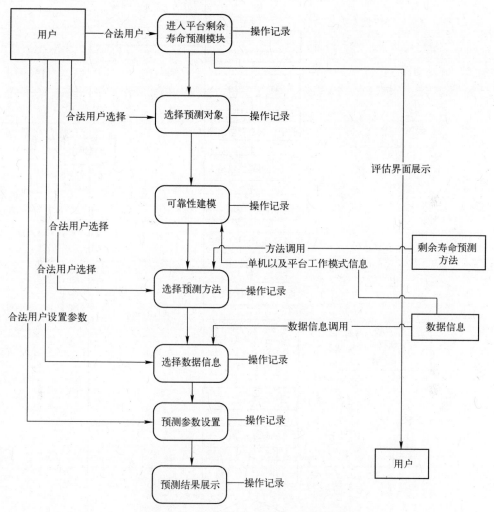

图 6-13 在轨平台剩余寿命预测数据流

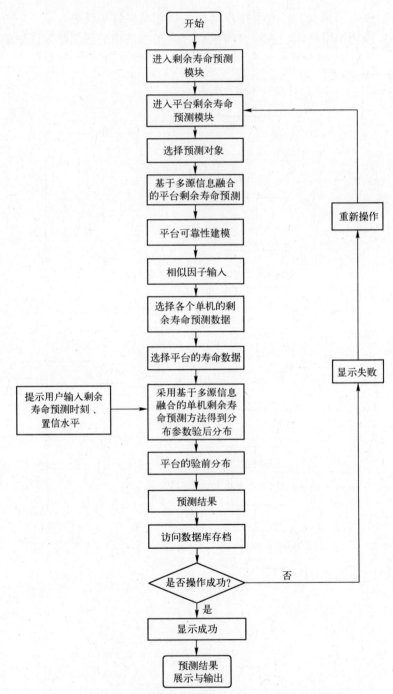

图 6-14 基于多源信息融合的在轨平台剩余寿命预测处理过程

第6章 在轨平台剩余寿命预测软件系统开发

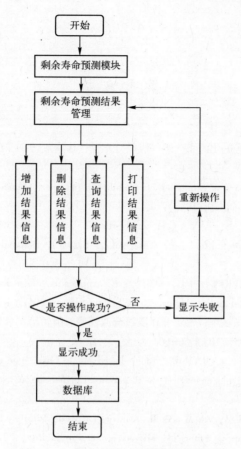

图 6-15 剩余寿命预测结果管理过程

参 考 文 献

[1] 余荣斌. 基于性能退化的光伏组件服役可靠性评估方法研究 [D]. 广州：华南理工大学, 2016.
[2] Nair V. N. Discussion of estimation of reliability in field performance studies by J D J F lawless [J]. Technometrics, 1988, 30：179-383.
[3] HENG A, ZHANG S, TAN A C C, et al. Rotating machinery prognostics：State of the art, challenges and opportunities [J]. Mechanical Systems & Signal Processing, 2009, 23 (3)：724-739.
[4] MYÖTYRI E, PULKKINEN U, SIMOLA K. Application of stochastic filtering for lifetime prediction [J]. Reliability Engineering & System Safety, 2017, 91 (2)：200-208.
[5] 孙磊, 汤心刚, 张星辉, 等. 基于随机滤波模型的齿轮箱剩余寿命预测研究 [J]. 机械传动, 2011, 35 (10)：56-60.
[6] CADINI F, ZIO E, AVRAM D. Model-based Monte Carlo state estimation for condition-based component replacement [J]. Reliability Engineering & System Safety, 2009, 94 (3)：752-758.
[7] WANG W, CARR M, XU W, et al. A model for residual life prediction based on Brownian motion with an adaptive drift [J]. Microelectronics Reliability, 2011, 51 (2)：285-293.
[8] WANG P, YOUN B D, HU C. A generic probabilistic framework for structural health prognostics and uncertainty management [J]. Mechanical Systems & Signal Processing, 2012, 28 (2)：622-637.
[9] MOSALLAM A, MEDJAHER K, ZERHOUNI N. Data-driven prognostic method based on Bayesian approaches for direct remaining useful life prediction [J]. Journal of Intelligent Manufacturing, 2014, 27 (5)：1-12.
[10] ISHIBASHI R, JÚNIOR C L N. GFRBS-PHM：A genetic fuzzy rule-based system for PHM with improved interpretability [C]. Prognostics and Health Management, 2013：1-7.
[11] 潘紫微, 吴超英. 基于神经网络的多特征和多步轴承寿命预测方法 [J]. 机械科学与技术, 1999 (4)：584-586.
[12] GEBRAEEL N, LAWLEY M, LIU R, et al. Residual life predictions from vibration-based degradation signals：A neural network approach [J]. IEEE Transactions on Industrial Electronics, 2004, 51 (3)：694-700.
[13] QU J, ZUO M J. An LSSVR-based algorithm for online system condition prognostics [J].

Expert Systems with Applications, 2012, 39 (5): 6089-6102.

[14] LOUTAS T H, ROULIAS D, GEORGOULAS G. Remaining useful life estimation in rolling bearings utilizing data-driven probabilistic e-support vectors regression [J]. IEEE Transactions on Reliability, 2013, 62 (4): 821-832.

[15] ZHAO F, TIAN Z, ZENG Y. Uncertainty quantification in gear remaining useful life prediction through an integrated prognostics method [J]. IEEE Transactions on Reliability, 2013, 62 (1): 146-159.

[16] NIU G, YANG B S. Intelligent condition monitoring and prognostics system based on data-fusion strategy [J]. Expert Systems with Applications, 2010, 37 (12): 8831-8840.

[17] MAIO F D, TSUI K L, ZIO E. Combining Relevance Vector Machines and exponential regression for bearing residual life estimation [J]. Mechanical Systems & Signal Processing, 2012, 31 (8): 405-427.

[18] 王泽文. 基于振动信号的滚动轴承故障诊断与预测系统研究 [D]. 北京: 中国矿业大学, 2014.

[19] 张龙龙. 基于多健康状态评估的滚动轴承剩余寿命预测方法研究 [D]. 北京: 电子科技大学, 2014.

[20] 李礼夫, 张东羽. 基于形态与性能的动力电池循环寿命预测方法 [J]. 华南理工大学学报（自然科学版）, 2018, 46 (379 (04)): 7-13.

[21] 董方园, 郑山锁, 宋明辰, 等. 高性能混凝土研究进展Ⅱ: 耐久性能及寿命预测模型 [J]. 材料导报, 2018, 32 (3): 496-502.

[22] 张凡. 基于核密度估计和K-L散度的旋转机械故障诊断与健康评估方法研究 [D]. 北京: 电子科技大学, 2015.

[23] ZHAO X, ZUO M J, LIU Z, et al. Diagnosis of artificially created surface damage levels of planet gear teeth using ordinal ranking [J]. Measurement, 2013, 46 (1): 132-144.

[24] 张莹. 数控机床机械故障诊断方法的研究及应用 [D]. 大连: 大连理工大学, 2005.

[25] YANG P, ZHOU B B, ZHANG Z, et al. A multi-filter enhanced genetic ensemble system for gene selection and sample classification of microarray data [J]. Bmc Bioinformatics, 2010, 11 (1): 1-12.

[26] LIU Z, ZOU M J, XU H. A Gaussian radial basis function based feature selection algorithm [C]. IEEE International Conference on Computational Intelligence for Measurement Systems and Applications, 2011: 1-4.

[27] JAVED K, GOURIVEAU R, ZEMOURI R, et al. Features Selection Procedure for Prognostics: An Approach Based on Predictability [J]. IFAC Proceedings Volumes, 2012, 45 (20): 25-30.

[28] 姚旭, 王晓丹, 张玉玺, 等. 特征选择方法综述 [J]. 控制与决策, 2012, 27 (2): 161-166.

[29] 蔡哲元, 余建国, 李先鹏, 等. 基于核空间距离测度的特征选择 [J]. 模式识别与

人工智能,2010,23(2):235-240.

[30] 徐峻岭,周毓明,陈林,等.基于互信息的无监督特征选择[J].计算机研究与发展,2012,49(2):372-382.

[31] 欧璐,于德介.基于拉普拉斯分值和模糊C均值聚类的滚动轴承故障诊断[J].中国机械工程,2014,25(10):1352-1357.

[32] TABAKHI S, MORADI P, AKHLAGHIAN F. An unsupervised feature selection algorithm based on ant colony optimization[J]. Engineering Applications of Artificial Intelligence, 2014,32(6):112-123.

[33] YUAN H, WANG S, YING L I, et al. Feature selection with data field[J]. Chinese Journal of Electronics,2014,23(4):661-665.

[34] ZHU P, ZHU W, HU Q, et al. Subspace clustering guided unsupervised feature selection[J]. Pattern Recognition,2017,66(C):364-374.

[35] 王小林.基于非线性Wiener过程的产品退化建模与剩余寿命预测研究[D].长沙:国防科技大学,2014.

[36] LE SON K, FOULADIRAD M, BARROS A. Remaining useful lifetime estimation and noisy gamma deterioration process[J]. Reliability Engineering and System Safety,2016,149:76-87.

[37] WEN Y, WU J, DAS D, et al. Degradation modeling and RUL prediction using Wiener process subject to multiple change points and unit heterogeneity[J]. Reliability Engineering and System Safety,2018,176:113-124.

[38] ZHAO Z, QUAN Q, CAI K Y. A health performance prediction method of large-scale stochastic linear hybrid systems with small failure probability[J]. Reliability Engineering and System Safety,2017,165:74-88.

[39] 张金槐,唐雪梅.Bayes方法[M].长沙:国防科技大学出版社,1989.

[40] 方艮海.产品可靠性评估中的多源信息融合技术研究[D].合肥:合肥工业大学,2006.

[41] 孙锐.基于D-S证据理论的信息融合及在可靠性数据处理中的应用研究[D].成都:电子科技大学,2011.

[42] WANG J, HUANG H. Road network safety evaluation using Bayesian hierarchical joint model[J]. Accident Analysis and Prevention,2016,90:7.

[43] MIL S, PIANTANAKULCHAI M. Modified Bayesian data fusion model for travel time estimation considering spurious data and traffic conditions[J]. Applied Soft Computing, 2018,72:14.

[44] ZHU B, DAN M F. Reliability assessment of ship structures using Bayesian updating[J]. Engineering Structures,2013,56(6):1836-1847.

[45] 胡国定,等.简明数学词典[M].北京:科学出版社,2000.

[46] 王晖,潘高田,臧兴震,等.正态分布的小样本数据的相容性检验理论和方法[J].

数学的实践与认识, 2005, 35 (3): 131-137.

[47] 张湘平, 张金槐, 谢红卫, 等. 验前信息与现场子样的相容性检验问题研究 [J]. 飞行器测控学报, 2002, 3 (1): 55-59.

[48] 路晓辉. 指数模型 Bayes 评定中的验前分布 [J]. 北京理工大学学报, 1990, 10 (1): 78-83.

[49] 张士峰. 成败型产品可靠性的 Bayes 评估 [J]. 兵工学报, 2001, 22 (2): 234-240.

[50] 韩明. 定时截尾指数分布先验数的适合域 [J]. 数理统计与应用概率, 1997, 12 (1): 83-87.

[51] REN C, SUN D, DEY D. Bayesian and frequentist estimation and prediction for exponential distributions [J]. Jouranal of Statistical Planning and Inference, 2006, 136 (9): 2873-2897.

[52] 周源泉. 双参数指数分布的可靠性评估 (Ⅰ)[J]. 质量与可靠性, 2004 (1): 5-10.

[53] 周源泉, 刘文生. 双参数指数分布的可靠性评估 (Ⅱ)[J]. 质量与可靠性, 2004 (2): 19-24.

[54] SOLIMAN A, ELLAH A. A. H., et al. Comparison of estimates using record statistics from weibull model: Bayesian and non-Bayesian approaches [J]. Computational Statistics & Data analysis, 2006, 51 (3): 2065-2077.

[55] BAE S J, YUAN T, KIM S J. Bayesian degradation modeling for reliability prediction of organic light-emitting diodes [J]. Journal of Computational Science, 2016, 17: 117-125.

[56] GUIDA M, PULCINI G, VIANELLO M. Early inference on reliability of upgraded automotive components by using past data and technical information [J]. Journal of Statistical Planning & Inference, 2009, 139 (5): 1604-1618.

[57] 蔡忠义, 陈云翔, 李韶亮, 等. 考虑随机退化和信息融合的剩余寿命预测方法 [J]. 上海交通大学学报, 2016, 50 (11): 1778-1783.

[58] LIU DI, WANG S, ZHANG C T M. Bayesian model averaging based reliability analysis method for monotonic degradation dataset based on inverse Gaussian process and Gamma process [J]. Reliability Engineering & System Safety, 2018, 180: 14.

[59] JIANG Y J, YAN Z Q, XIE H W. The method of multi-source information fusion based on parametric consistency test [C]. International Conference on Reliability, Maintainability and Safety, 2009: 382-385.

[60] MA J, ZHAN X, ZENG S. Real time reliability analysis based on the performance degradation data and Bayesian method [C]. International Conference on Reliability, 2011.

[61] A, K. Bayesian techniques to reduce the sample size in automotive electronics attribute testing [J]. Microelectron Reliability, 1997, 37 (6): 879-883.

[62] 王静, 孙权, 冯静. 基于随机继承因子的指数分布 Bayes 可靠性评估 [J]. 质量与可靠性, 2007 (4): 18-20.

[63] 杨军, 申丽娟, 黄金, 等. 利用相似产品信息的电子产品可靠性 Bayes 综合评估

[J]. 航空学报, 2008, 29 (6): 1550-1553.

[64] 张立波, 王宏立, 张聪, 等. 基于相似电子产品信息的可靠性评估方法 [J]. 航天控制, 2012, 30 (3): 84-87.

[65] 王玮, 周海云, 尹国举. 使用混合 Beta 分布的 Bayes 方法 [J]. 系统工程理论与实践, 2005 (9): 142-144.

[66] 严惠云. 一种新的计算混合先验中继承因子的方法 [J]. 西安文理学院学报, 2008, 11 (3): 42-44.

[67] YALCINKAYA M, BIRGOREN B. Confidence interval estimation of Weibull lower percentiles in small samples via Bayesian inference [J]. Journal of the European Ceramic Society, 2017, 37 (8): 2983-2990.

[68] BHUYAN P, SENGUPTA D. Estimation of reliability with semi-parametric modeling of degradation [J]. Computational Statistics & Data Analysis, 2017, 115: 172-185.

[69] ZHANG Y, JIA X, GUO B. Bayesian framework for satellite rechargeable lithium battery synthesizing bivariate degradation and lifetime data [J]. Journal of Central South University, 2018, 25 (2): 418-431.

[70] HE D, WANG Y, CHANG G. Objective Bayesian analysis for the accelerated degradation model based on the inverse Gaussian process [J]. Applied Mathematical Modelling, 2018.

[71] LI Z, DENG Y, MASTRANGELO C. Model selection for degradation-based Bayesian reliability analysis [J]. Journal of Manufacturing System, 2015, 37: 11.

[72] CHENG Y, LU C, LI T, et al. Residual lifetime prediction for lithium-ion battery based on functional principal component analysis and Bayesian approach [J]. Journal of Energy, 2015, 90: 11.

[73] WANG L, PAN R, LI X, et al. A Bayesian reliability evaluation method with integrated accelerated degradation testing and field information [J]. Reliability Engineering & System Safety, 2013, 112: 38-47.

[74] 杜党波, 胡昌华, 司小胜, 等. 一种混合退化系统剩余寿命预测方法 [J]. 上海交通大学学报, 2017, 51 (7): 886-891.

[75] LIU S, CHEN H, GUO B, et al. Residual life estimation by fusing few failure lifetime and degradation data from real-time updating [C]. IEEE International Conference on Software Quality, 2017.

[76] 马溧梅, 武小悦, 刘琦. 小子样装备可靠性试验中专家信息描述性综述 [J]. 电子产品可靠性与环境试验, 2007, (2): 62-66.

[77] 马溧梅. 可靠性评定中专家信息的提取研究 [D]. 长沙: 国防科学技术大学, 2007.

[78] 刘琦, 武小悦, 张金槐. 小子样武器装备可靠性评定过程中专家信息的规范化描述 [J]. 航空动力学报, 2007, (1): 31-40.

[79] COOLEN F P A. On Bayesian reliability analysis with informative priors and censoring [J]. Reliability Engineering and System Safety, 1996, 53 (1): 91-98.

[80] GUIDA M, PULCINI G. Automotive reliability inference based on past data and technical knowledge [J]. Reliability Engineering and System Safety, 2002: 129-137.

[81] 马智博, 朱建士, 徐乃新. 利用多种信息源的可靠性评估方法 [J]. 计算物理, 2003, 20 (5): 391-398.

[82] COMPARE M, BARALDI P, BANI I, et al. Development of a Bayesian multi-state degradation model for up-to-date reliability estimations of working industrial components [J]. Reliability Engineering & System Safety, 2017, 166: 25-40.

[83] WALTER G, FLAPPER S D. Condition-based maintenance for complex systems based on current component status and Bayesian updating of component reliability [J]. Reliability Engineering & System Safety, 2017, 168.

[84] ZHANG X, MAHADEVAN S, DENG X. Reliability analysis with linguistic data: An evidential network approach [J]. Reliability Engineering & System Safety, 2017, 163: 11.

[85] SCHUH P, STERN H, TRACHT K. Integration of expert judgment into remaining useful lifetime prediction of components [J]. Procedia Cirp, 2014, 22: 109-114.

[86] 张金槐, 刘琦, 冯静. Bayes 试验分析方法 [M]. 长沙: 国防科技大学出版社, 2007.

[87] 张金槐. 多源信息的 Bayes 融合精度鉴定方法 [J]. 国防科技大学学报, 2001, 23 (3): 93-97.

[88] 冯静, 刘琦, 周经伦, 等. 相关函数融合法及其在可靠性分析中的应用 [J]. 系统工程与电子技术, 2003, 25 (6): 682-684.

[89] 冯静, 董超, 刘琦, 等. Bayes 分析中基于充分性测度的多源验前信息融合 [J]. 小型微型计算机系统, 2004, 25 (7).

[90] 冯静, 刘琦, 周经伦, 等. Bayes 分析中多源信息融合的最大熵-矩估计方法 [J]. 质量与可靠性, 2003 (6): 30-34.

[91] 冯静, 周经伦. 基于 Bayes 模糊逻辑算子的小子样可靠性信息融合方法 [J]. 航空动力学报, 2008, 23 (9): 1633-1636.

[92] 柴建, 师义民, 魏杰琼, 等. 多源验前信息下先验分布的融合方法 [J]. 科学技术与工程, 2005, 5 (20): 1479-1481.

[93] 冯静, 周经伦, 孙权. Bayes 分析中多源验前信息融合的 ML-II 方法 [J]. 数学的实践与认识, 2006, 36 (6): 142-145.

[94] 刘琦, 冯静, 周经伦. 基于专家信息的先验分布融合方法 [J]. 中国空间科学技术, 2004 (3): 68-71.

[95] WALTER G, ASLETT L J M, COOLEN F P A. Bayesian nonparametric system reliability using sets of priors [J]. International Journal of Approximate Reasoning, 2017, 80: 67-88.

[96] VALIKHANI M, YOUNESIAN D. Bayesian framework for simultaneous input/state estimation in structural and mechanical systems [J]. Structural Control and Health Monitoring, 2019, 26 (9): 2379.

[97] LIU J, WANG W, MA F, et al. A data-model-fusion prognostic framework for dynamic system state forecasting [J]. Engineering Applications of Artificial Intelligence, 2012, 25 (4): 814-823.

[98] JINGBIN W, XIAOHONG W, LIZHI W. Modeling of BN lifetime prediction of a system based on integrated multi-level information [J]. Sensors, 2017 (9): 2123.

[99] MIRMOSTAFAEE S M T K, AMINI M, ASGHARZADEH A. Bayesian prediction of minimal repair times of a series system based on hybrid censored sample of components' lifetimes under Rayleigh distribution [J]. Communications in Statistics, 2016, 46 (4): 1788-1806.

[100] LIU B, SHI Y, ZHANG F, et al. Reliability nonparametric Bayesian estimation for the masked data of parallel systems in step-stress accelerated life tests [J]. Journal of Computational and Applied Mathematics, 2017, 311: 375-386.

[101] BAMRUNGSETTHAPONG W, PONGPULLPONSAK A. System reliability for non-repairable multi-state series-parallel system using fuzzy Bayesian inference based on prior interval probabilities [J]. International Journal of General Systems, 2015, 44 (4): 442-456.

[102] FENG L. Reliability analysis of a cold standby system under progressive type II censoring date [J]. Advanced Materials Research, 2012, 459: 540-543.

[103] SHI Y M, SHI X L. Reliability estimation for cold standby series system based on general progressive type II censored samples [J]. Applied Mechanics & Materials, 2013, 321: 2460-2463.

[104] JIA X, GUO B. Analysis of non-repairable cold-standby systems in Bayes theory [J]. Journal of Statistical Computation & Simulation, 2016, 86 (11): 2089-2112.

[105] 金星, 洪延姬, 张明亮, 等. 大型复杂系统平均寿命评定的 Monte Carlo 方法 [J]. 系统仿真学报, 2005, 17 (1): 66-68.

[106] 张国志. 复杂系统可靠性分析 [M]. 哈尔滨: 哈尔滨工业大学出版社, 2009.

[107] 赵雯晖. 复杂系统平均寿命的估计及性质 [D]. 哈尔滨: 哈尔滨理工大学, 2011.

[108] 金晶. 基于 Bayes 方法的复杂系统可靠度估计 [D]. 哈尔滨: 哈尔滨理工大学, 2012.

[109] 刘鸿铭. 无失效数据下复杂系统可靠度的 Bayes 估计 [D]. 哈尔滨: 哈尔滨理工大学, 2014.

[110] 刘颖. 模糊随机不可修系统的可靠度和平均寿命分析 [D]. 天津: 天津大学, 2006.

[111] 陈常顺, 陈昌顺. 平均剩余寿命置信下限的评估 [J]. 中北大学学报(自然科学版), 2007, 28 (3): 208-211.

[112] 李学京, 韩筱爽, 柳京爱. 复杂系统平均寿命综合评估方法研究 [J]. 数学的实践与认识, 2007, 37 (2): 110-115.

［113］ 杨军, 赵宇, 李学京, 等. 复杂系统平均剩余寿命综合评估方法［J］. 航空学报, 2007, 28（6）: 1351-1354.

［114］ BAIRAMOV I, AHSANULLAH M, AKHUNDOV I. A residual life function of a system having parallel of series structure［J］. J. stat. theory Appl, 2002, 1（2）: 119-131.

［115］ SONG Z, ZHAO Q, JIA X, et al. System residual useful life prediction with useful life of components obeying different exponential distributions［C］. 2019 Pronostics and System Health Management Conference. 2019.

［116］ ASADI M, BAYRAMOGLU I. A note on the mean residual life function of a parallel system［J］. Commun Stat Theory Methods, 2005, 34（2）: 475-485.

［117］ MOHAMMAD K. Mean past and mean residual life functions of a parallel system with nonidentical components［J］. Communications in Statistics, 2008, 37（7）: 1134-1145.

［118］ NAVARRO J, ERYILMAZ S. Mean residual lifetimes of consecutive-k-out-of-n systems［J］. Journal of Applied Probability, 2007, 44（1）: 82-98.

［119］ ASADI M, BAYRAMOGLU I. The mean residual life function of a k-out-of-n structure at the system level［J］. IEEE Transactions on Reliability, 2006, 55（2）: 314-318.

［120］ SARHAN A M, ABOUAMMOH A M. Reliability of k-out-of-n nonrepairable systems with nonindependent components subjected to common shocks［J］. Microelectronics Reliability, 2001, 41（4）: 617-621.

［121］ LI X, JING C. Aging properties of the residual life length of k-out-of-n systems with independent but non-identical components［J］. Applied Stochastic Models in Business & Industry, 2004, 20（2）: 143-153.

［122］ ERYILMAZ S. On the mean residual life of a -out-of-: G system with a single cold standby component［J］. European Journal of Operational Research, 2012, 222（2）: 273-277.

［123］ AMARI S V, CRE A. Reliability of k-out-of-n standby systems with gamma distributions［C］. Reliability & Maintainability Symposium, 2012.

［124］ ZHANG Y, SUN Y, LU Z. Copula function-based reliability analysis of a series system with a single cold standby unit［J］. Acta Aeronautica Et Astronautica Sinica, 2014, 35（8）: 2207-2216.

［125］ 赵骞, 贾祥, 程志君, 等. 部件寿命服从韦布尔分布时典型系统的寿命与剩余寿命估计［J］. 系统工程与电子技术, 2019, 41（7）: 7.

［126］ SONG Z, ZHAO Q, JIANG P, et al. A numerical method for system residual life prediction based on Simpson formula［J］. Communication in Statistics-Simulation and Computation, 2019: 1-16.

［127］ CASTET J F, SALEH J H. Satellite Reliability: Statistical Data Analysis and Modeling［J］. Journal of Spacecraft & Rockets, 2009, 46（5）: 1065-1076.

［128］ CASTET J-F, SALEH J. Beyond reliability, multi-state failure analysis of satellite subsystems: A statistical approach [J]. Reliability Engineering and System Safety, 2010, 95: 311-322.

[129] FANG X, PAYNABAR K, GEBRAEEL N. Multistream sensor fusion-based prognostics model for systems with single failure modes [J]. Reliability Engineering and System Safety, 2017, 159: 322-331.

[130] CHO M. Monte Carlo simulation of reliability growth of small-scale satellites through testing [J]. Proceedings of the International Astronautical Congress, IAC, 2014, 9: 6762-6771.

[131] PATOWARY A N, HAZARIKA J, SRIWASTAV G L. Reliability estimation of multi-component cascade system through Monte-Carlo simulation [J]. International Journal of System Assurance Engineering and Management, 2018, 9 (6): 1279-1286.

[132] 陈浩. 基于多源信息融合的典型卫星平台分系统剩余寿命预测研究 [D]. 长沙: 国防科技大学, 2016.

[133] 刘士齐. 融合多源信息的卫星平台剩余寿命预测 [D]. 长沙: 国防科技大学, 2017.

[134] 宋兆理. 基于多源信息的卫星平台系统剩余寿命预测研究 [D]. 长沙: 国防科技大学, 2018.

[135] 赵宇, 杨军, 马小兵. 可靠性数据分析教程 [M]. 北京: 北京航空航天大学出版社, 2009.

[136] 贾祥. 韦布尔分布及其可靠性统计方法 [M]. 北京: 科学出版社, 2021.

[137] 赵骞. 基于贝叶斯理论的卫星平台剩余寿命预测方法研究 [D]. 长沙: 国防科技大学, 2019.

[138] 宋兆理, 贾祥, 郭波, 等. 基于贝叶斯融合与仿真的系统剩余寿命预测 [J]. 系统工程与电子技术, 2020, 43 (6): 1706-1713.

[139] 宋兆理. 面向卫星平台全系统的剩余寿命融合预测研究 [D]. 长沙: 国防科技大学, 2020.

[140] 周源泉. 质量可靠性增长与评定方法 [M]. 北京: 北京航空航天大学出版社, 1997.

附　　录

附表 1　数据需求表

名称	编号	寿命数据				在轨性能数据	专家经验	备注
		试验数据	在轨寿命数据	相似产品寿命数据	历史产品寿命数据			

附表 2　地面试验数据采集表

名称	所属航天装备的型号	编号	试验类型	试验方法	试验条件	监测参数名称	试验结果	监测持续时间/h	折合到在轨寿命数据/h

附表 3　在轨寿命数据采集表

名称	所属航天装备的型号	编号	在轨运行时长/h	是否故障	故障原因	工作模式

附表4 在轨性能数据采集表

单机名称	所属航天装备的型号	产品编号	监测参数	监测时刻	监测结果

附表5 历史寿命数据表

名称	所属航天装备的型号	编号	工作时间/h	是否故障	故障原因	工作模式

附表6 相似产品寿命数据采集表

名称	所属航天装备的型号	编号	工作时间/h	是否故障	故障原因	工作模式	相似因子

附表7 专家信息数据采集表

名称	任务时刻	可靠度估计值	寿命的预计值	剩余寿命的预计值